Souverän im Vorstellungsgespräch

Christian Püttjer und **Uwe Schnierda** kennen die Wünsche und Hoffnungen, aber auch Sorgen und Nöte von Bewerberinnen und Bewerbern seit rund 20 Jahren. Ihre umfassenden Erfahrungen aus der Optimierung von Bewerbungsunterlagen, aus Einzelcoachings und aus Seminaren bringen sie in ihre praxisnahen Ratgeber ein, die exklusiv im Campus Verlag erscheinen. Die konkreten Tipps, die klare Sprache und die motivierende Unterstützung von Püttjer & Schnierda haben schon über einer Million Leserinnen und Lesern weitergeholfen.

PÜTTJER & SCHNIERDA

Souverän im Vorstellungsgespräch

So schaffen Sie den Jobwechsel

Campus Verlag
Frankfurt/New York

ISBN 978-3-593-39558-6

7., überarbeitete Auflage 2011

Umschlagfoto: Becker Lacour, Frankfurt/Main
Gestaltung: hauser lacour, Frankfurt/Main
Satz: Publikations Atelier, Dreieich
Druck und Bindung: Beltz Druckpartner, Hemsbach
Gedruckt auf Papier aus zertifizierten Rohstoffen (FSC/PEFC).
Printed in Germany

Dieses Buch ist auch als E-Book erschienen.
www.campus.de

Inhalt

Vorwort zur 7. Auflage

Liebe Leserinnen und Leser,
liebe Bewerberinnen und Bewerber,

Sie lesen diesen Ratgeber, weil Sie sich kurzfristig auf ein Vorstellungsgespräch intensiv vorbereiten möchten. Oder weil Sie mittelfristig damit rechnen, zu einem Vorstellungsgespräch eingeladen zu werden und sich schon jetzt darüber informieren möchten, was sich bei Auswahlgesprächen in den vergangenen Jahren alles verändert hat.

Worauf kann Sie unser Ratgeber vorbereiten? Welche Hürden müssen Sie überwinden? Und warum glauben wir überhaupt, dass wir Ihnen helfen können?

Dieses Buch bietet Ihnen viele Möglichkeiten, sich umfassend vorzubereiten. Wir zeigen Ihnen, wie Sie Ihre beruflichen Stärken entdecken und als passgenaue Einstellungsargumente in die »Sprache der Firmen« übersetzen. Wir stellen Ihnen praxiserprobte Strategien und hilfreiche Beispielformulierungen vor, damit auch Sie Ihren Wechselgrund gegenüber neuen Arbeitgebern glaubwürdig darstellen können. Sie werden nach dem Durcharbeiten verstehen, warum Sie vor einem Vorstellungsgespräch eine Selbstpräsentation ausarbeiten sollten. Und genauso wie in unseren Bewerbungsseminaren und Einzelcoachings werden Sie Tipps und Vorlagen dafür bekommen, wie Sie ein Mind-Map Ihrer Selbstpräsentation entwickeln können, damit Sie in der stressigen Situation Jobinterview immer eine klare Visualisierung Ihrer wichtigsten Einstellungsargumente »vor Augen haben«. Wir machen Sie mit weit über 100 typischen Fragen aus Vorstellungsgesprächen vertraut und zeigen Ihnen, wie Sie auch körpersprachlich überzeugen können. Neben vielen Tipps und Hintergrundinformationen bekommen Sie weiter die Gelegenheit, mithilfe von zahlreichen Übungen unsere Hinweise auszuprobieren.

Mit diesem Ratgeber verfolgen wir als Bewerbungscoaches mit rund 20-jähriger Erfahrung die gleichen Ziele wie in unserer täglichen Beratungspraxis: Wir möchten, dass Sie motiviert, selbstbewusst und sicher in Vorstellungsgespräche hineingehen. Vielleicht schicken Sie uns – wie schon viele Leserinnen und Leser vor Ihnen – ja auch eines Tages eine kurze Feedback-E-Mail mit dem Text: »Ja, es hat geklappt, ich konnte alle am Vorstellungsgespräch Beteiligten überzeugen und habe jetzt meine neue Stelle, danke!«

Wir glauben, dass Sie, liebe Bewerberin, lieber Bewerber, ein Geschenk für die neue Firma sein werden – und unsere Aufgabe sehen wir darin, dieses Geschenk so optimal wie möglich zu verpacken. In diesem Sinne wünschen wir Ihnen viel Erfolg für Ihre Vorstellungsgespräche!

Christian Püttjer & Uwe Schnierda

Das erwartet Sie in diesem Training

Herzlichen Glückwunsch! Sie haben die erste Hürde im Bewerbungsverfahren mit Bravour genommen: Sie sind zum Vorstellungsgespräch eingeladen worden. Doch das Rennen ist damit noch nicht gewonnen. Wie für die schriftliche Bewerbung gilt auch im Vorstellungsgespräch: Die gründliche Vorbereitung bringt Pluspunkte.

Gestiegene Ansprüche

In den letzten Jahren sind die Ansprüche, denen Bewerberinnen und Bewerber in Vorstellungsgesprächen genügen müssen, stark gestiegen. Dies hat verschiedene Gründe. Personalauswahl orientiert sich nicht mehr allein am Fachwissen der Bewerber, es wird der eigenverantwortliche Teamplayer gesucht, der berufliche Aufgabenstellungen sowohl in der Gruppe als auch allein erfolgreich bewältigt. Fachwissen allein überzeugt nicht mehr, die Bewerber müssen deutlich machen, dass sie über die von Firmen gewünschten persönlichen Fähigkeiten verfügen.

Hinzu kommt, dass die beruflichen Tätigkeiten und damit die Anforderungsprofile immer spezieller werden. Sie setzen sich deshalb im Vorstellungsgespräch nur dann durch, wenn Sie mithilfe passgenauer Einstellungsargumente deutlich machen, dass Sie die Anforderungen des neuen Arbeitsplatzes tatsächlich bewältigen können.

Aus unserer langjährigen Tätigkeit als Bewerbungstrainer und Karriereberater verfügen wir über viel Erfahrung aus der Praxis. Diese möchten wir an Sie weitergeben. Im Mittelpunkt der von uns vorgestellten Tipps, Techniken und Hinweise steht immer die Umsetzung durch Sie als Bewerberin oder Bewerber. Daher finden Sie in unserem Ratgeber viele Beispiele, Übungen und Tipps, die Ihnen helfen, Ihr neues Wissen bei Ihren Vorstellungsgesprächen einzusetzen.

Individualität überzeugt

Um Vorstellungsgespräche erfolgreich bewältigen zu können, müssen Sie ein eigenständiges berufliches und persönliches Profil präsentieren können. Dazu gehört natürlich auch ein individueller Sprach- und Antwortstil. Um Ihnen eine

Basis für Ihren eigenen Gesprächsstil zu vermitteln, stellen wir Ihnen typische Fragen aus Vorstellungsgesprächen mit ungeeigneten und geeigneten Antwortmöglichkeiten vor. Allerdings nützt es nichts, die positiven Antworten auswendig zu lernen, dies macht Sie nicht automatisch zum Gewinner im Vorstellungsgespräch. Sie müssen sich vor allem damit auseinander setzen, welche Erwartungshaltungen auf Unternehmensseite vorherrschen und welche Ziele mit einzelnen Fragen oder Frageblöcken verfolgt werden.

Einstellungsargumente liefern

Früher reichte es vielleicht aus, eine halbwegs passable Bewerbungsmappe abzuliefern und dann im anschließenden Vorstellungsgespräch möglichst nicht unangenehm aufzufallen. Heute wird wesentlich mehr von Bewerberinnen und Bewerbern verlangt: Sie müssen heutzutage von sich aus Einstellungsargumente liefern, die passgenau, stärkenorientiert und glaubwürdig sein sollten. Gefragt sind heute aktive Bewerber, die sich im Vorfeld eines Gespräches mit ihren beruflichen Erfahrungen, ihren Stärken, aber auch ihren Schwächen auseinander gesetzt haben. Zusätzlich müssen Bewerber deutlich machen können, dass sie sich auch intensiv mit den Anforderungen der neuen Stelle und dem neuen Arbeitgeber beschäftigt haben.

Dieser Ratgeber hilft Ihnen, diese vielen ausgesprochenen – oft aber auch unausgesprochenen – Anforderungen des Vorstellungsgespräches zu durchschauen und zu bewältigen.

Ihre Vorbereitung auf ein erfolgreich verlaufendes Vorstellungsgespräch findet systematisch, in vielen aufeinander abgestimmten Schritten, statt. Die folgende Übersicht zeigt Ihnen, was alles dazugehört.

AUF EINEN BLICK

Überzeugen im Vorstellungsgespräch

1. Vorbereitungsphase

Informationssuche: Erwartungen von Firmen an Bewerber erkennen

Verarbeiten der Informationen für Ihre Selbstpräsentation (Einstellungsargumente)

Ihre Selbstpräsentation als Mind-Map

den Stellenwechsel begründen

die richtige Kleidung auswählen

Ihre Gesprächspartner auf der Unternehmensseite vorab einschätzen

2. Vorstellungsgespräch

Gesprächstechniken kennen und nutzen

Stärken und Schwächen herausfinden

Frageblöcke bewältigen
(Fragen zur Motivation der Bewerbung, zur Firma, zur beruflichen Entwicklung, zum Selbstbild, zur privaten Lebensgestaltung)

Ihre Fragen vorbereiten

unzulässige Fragen entschärfen

Gehaltsverhandlungen führen

Körpersprache in Vorstellungsgesprächen beachten

→ FORTSETZUNG AUF DER NÄCHSTEN SEITE

bei problematischen Bewerbungen auf spezielle Fragen vorbereiten (Bewerber mit 45-plus, Wiedereinsteiger, Arbeitslose, häufige Jobwechsler)

Beispielfragen und Beispielantworten durchgehen

3. Nach dem Gespräch

Zwischenbilanz: Vorstellungsgespräch auswerten

telefonisch oder per E-Mail nachfassen

Auf spezielle Fragen im zweiten Vorstellungsgespräch vorbereiten

eventuell englische Fragen trainieren

Arbeitsvertrag unterschreiben

Auf der beiliegenden CD-ROM finden Sie viel Übungen und Beispiele aus diesem Buch als PDF-Datei sowie interaktive Tests und Hörbeispiele.

Bevor es nun gleich mit Ihren Vorbereitungen und Übungseinheiten losgeht, stellen wir Ihnen noch kurz unsere Profil-Methode® vor, die wir in unserer Beratungspraxis entwickelt haben und die die Grundlage für Ihr gesamtes Trainingsprogramms bildet.

Bewerben mit der Püttjer & Schnierda-Profil-Methode®

Gesichtslose Bewerber, die wie austauschbar erscheinen, machen es sich und den Firmen unnötig schwer, zueinander zu finden. Machen Sie es besser: Sie werden bei Ihren Vorstellungsgesprächen positiv auffallen, wenn Sie Ihr Profil aussagekräftig und glaubwürdig vermitteln können.

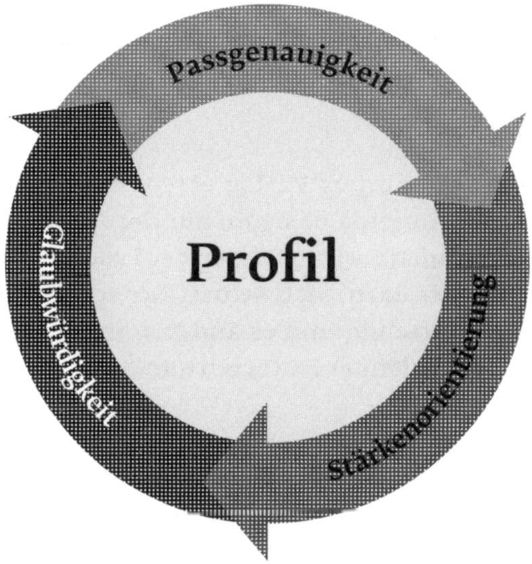

Die Profil-Methode®, die wir dazu in unserer rund 20-jährigen Beratungspraxis entwickelt haben, hat schon vielen Bewerbern zu mehr Erfolg verholfen (www.karriereakademie.de).

Drei Kernelemente kennzeichnen die Profil-Methode®: Punkten Sie mit einer passgenauen Bewerbung, vermitteln Sie Ihre Stärken und treten Sie glaubwürdig auf.

1. Passgenauigkeit Je besser Sie im Vorstellungsgespräch auf die Anforderungen der Stelle eingehen, desto höher ist Ihre Erfolgsquote. Machen Sie sich den Blick der Firmenseite zu Eigen. Liefern Sie nachvollziehbare Argumente, warum Sie sich für gerade diese Stelle und diese Firma entschieden haben. So wird Ihr Auftritt passgenau.

2. Stärkenorientierung Niemand lässt sich durch Krisen- und Problemschilderungen von etwas überzeugen – auch Firmen nicht! Verzichten Sie deshalb auf Selbstkritik und Abwertungen, und stellen Sie stattdessen Ihre Vorzüge in den Mittelpunkt. So werden Ihre Stärken sichtbar.

3. Glaubwürdigkeit Verbiegen Sie sich nicht im Bewerbungsverfahren, Ihre Persönlichkeit ist gefragt! Verstecken Sie sich nicht hinter Leerfloskeln und abstrakten Formulierungen, liefern Sie stattdessen nachvollziehbare Beispiele, die Ihre Bewerbung mit Leben füllen. So gewinnen Sie Glaubwürdigkeit.

Alle im Campus Verlag erschienenen Bücher von Püttjer & Schnierda basieren auf der Profil-Methode®. Profitieren auch Sie vom Wissen der Experten. Nutzen Sie diesen Ratgeber dazu, sich Schritt für Schritt Ihr eigenes Profil klarzumachen und es anderen im Vorstellungsgespräch nachvollziehbar zu vermitteln.

1. Wozu noch ein Vorstellungsgespräch?

Mit der Einladung zu einem Vorstellungsgespräch haben Sie die erste Hürde im Bewerbungsverfahren genommen. Die neue Firma möchte Sie persönlich kennen lernen. Bereiten Sie sich vor, indem Sie sich den Sinn von Vorstellungsgesprächen vor Augen führen, sich mit den Erwartungen der Personalverantwortlichen auseinander setzen und sich verdeutlichen, dass Sie Argumente für Ihre Einstellung liefern müssen.

Der erste persönliche Kontakt

Im Vorstellungsgespräch treten Sie das erste Mal persönlich in Erscheinung. Sie haben im Vorfeld Bewerbungsunterlagen erstellt und sie den Firmen zugesandt. Eventuell haben Sie vor dem Vorstellungsgespräch schon einen telefonischen Kontakt hergestellt. Den Firmen liegt Ihre schriftliche Selbstdarstellung vor, die nun im persönlichen Kontakt überprüft werden soll. Die schriftlichen Unterlagen dienen den Firmen jedoch nur dazu, eine vorläufige Bewerbervorauswahl zu treffen. Anhand von Unterlagen wird jedoch nicht über die Besetzung einer Stelle entschieden.

Mit Ihrem persönlichen Erscheinen im Bewerbungsgespräch müssen Sie nicht nur die von Ihnen schriftlich vermittelten Fähigkeiten, Kenntnisse und Erfahrungen bestätigen. Es muss auch deutlich werden, dass Sie zur Firma passen. Die Firmenkultur differiert je nach Unternehmensgröße und Branche sehr stark. In Industriebetrieben herrscht beispielsweise ein anderes Arbeitsklima als in Event- und Marketingagenturen. Und in mittelständischen Unternehmen gibt es andere Entscheidungswege und Verantwortungsbereiche als in internationalen Konzernen.

Die Vorbereitung zählt

Auch wenn sich die Anforderungen an Bewerberinnen und Bewerber hinsichtlich der Tätigkeitsfelder und je nach Größe der Firma stark unterscheiden, so gibt es doch große Gemeinsamkeiten in der Vorbereitung von Vorstellungsgesprächen. Wir wissen aus unserer Beratungspraxis, dass Sie dann im Vorstellungsgespräch überzeugen, wenn Sie sich sowohl mit Ihren eigenen Wünschen und Zielen als auch mit den Vorstellungen und Erwartungen der Unternehmensseite gleichermaßen intensiv auseinandergesetzt haben.

Wozu dient das Vorstellungsgespräch?

Im Vorstellungsgespräch sind Sie als Persönlichkeit und als Fachkraft gleichermaßen gefragt. Die erste Überprüfung Ihrer fachlichen Eignung hat mit der Sichtung Ihrer schriftlichen Unterlagen bereits stattgefunden. Wenn Sie zu einem Vorstellungsgespräch eingeladen werden, sind Sie aus Sicht der Firma daher prinzipiell für die ausgeschriebene Stelle geeignet. Auf diesen Vorschusslorbeeren können Sie sich aber nicht ausruhen.

Auf Ihre Persönlichkeit kommt es an

Im Vorstellungsgespräch versucht man einerseits Ihre persönlichen Fähigkeiten einzuschätzen – beispielsweise, ob Sie in das Team passen, vom Fachvorgesetzten akzeptiert werden, ob Ihre Leistungsbereitschaft ausreicht, ob Sie Ihre Stärken und Schwächen einschätzen können und ob Ihr Arbeitsstil zum Unternehmen und zur Unternehmenskultur passt. Andererseits will man herausbekommen, ob Sie die fachlichen Anforderungen Ihrer Arbeit, also die täglichen Routineaufgaben, Sonderaufgaben, Aufgaben in angrenzenden Fachgebieten und abteilungsübergreifende Projektaufgaben, in den Griff bekommen werden.

Personalverantwortliche, Fachvorgesetzte und weitere an der Einstellungsentscheidung beteiligte Personen wollen sich im Vorstellungsgespräch ein möglichst umfassendes Bild von Ihnen machen. Sie werden Ihre Gesprächspartner nicht für sich einnehmen, wenn Sie entweder nur die fachliche Seite oder nur Ihre Persönlichkeit betonen.

BERATUNG

Aus unserer Beratungspraxis
Mangelnde Reflexion

Ein Abteilungsleiter Logistik aus einem mittelständischen Unternehmen suchte uns auf, weil er aufgrund seiner Bewerbungsmappe zwar viele Einladungen zu Vorstellungsgesprächen erhielt, aber im Gespräch dann immer wieder an einen Punkt kam, der ihn aus dem Rennen warf.

Seine fachlichen Kenntnisse waren unbestritten interessant für die Unternehmen, zu denen er wechseln wollte. Er verfügte über eine zehnjährige Berufserfahrung und hatte innovative Logistikkonzepte entwickelt und in die Praxis umgesetzt. Für seinen jetzigen Arbeitgeber hatte er sehr erfolgreich gearbeitet, konnte jedoch nicht weiter aufsteigen, da die Bereichsleiterposition auf längere Sicht besetzt war.

Das Problem dieses Bewerbers war, dass er seine erfolgreiche Arbeit in der Logistik im Vorstellungsgespräch nicht einfach nur darstellte, sondern in diesem Zusammenhang stets erwähnte, dass er seiner jetzigen Firma die mangelnden Aufstiegsmöglichkeiten übel nahm und versucht hatte, die Geschäftsleitung unter Druck zu setzen. Er wusste, dass er wegen seiner Berufserfahrung unverzichtbar war, und hatte dies so oft gegenüber der Geschäftsleitung thematisiert, dass ein Grabenkrieg entstanden war. Der Geschäftsführer versuchte ihn seit zwei Jahren zu entmachten, was ihm aber wegen der exzellenten Fachkenntnis des Abteilungsleiters nicht gelang.

Dieser Missstand brach aus dem Abteilungsleiter in jedem Vorstellungsgespräch heraus. Den Umstand, dass er sich so lange gegen seine Entmachtung gewehrt hatte, bewertete er mit Stolz als Beleg für seine fachliche Eignung. Ihm war nicht klar, dass die Personalverantwortlichen bei seinen Vorstellungsgesprächen diese Darstellung weniger positiv sahen. Sie schlossen daraus, dass er ein Querulant und potenzieller Unruheherd sei.

Wir trainierten mit ihm, seine beruflichen Erfolge im Gespräch stärker in den Vordergrund zu stellen. Die Darstellung seiner persönlichen Fähigkeiten, wie Durchsetzungsfähigkeit, Eigeninitiative, Belastbarkeit oder Kooperationsbereitschaft, konnte er im Vorstellungsgespräch nun an der guten Zusam-

→ FORTSETZUNG AUF DER NÄCHSTEN SEITE

menarbeit mit Zulieferern festmachen. Dadurch konnten Personalverantwortliche seine Kommunikationsfähigkeit und seine Konfliktlösungsfähigkeit positiv bewerten. Der Wechsel gelang.

Fazit: Das Vorstellungsgespräch dient dazu, Personalverantwortlichen und anderen Firmenvertretern deutlich zu machen, dass Sie nicht nur fachlich geeignet sind, sondern sich auch in die Arbeitsabläufe und das Betriebsklima in der neuen Firma einpassen können.

Kenntnisse und Fähigkeiten belegen

Ein Vorstellungsgespräch verläuft dann für beide Seiten erfolgreich, wenn Sie sowohl Ihre Berufskenntnisse als auch Ihre persönlichen Fähigkeiten anhand von konkreten Beispielen aus Ihrem Werdegang untermauern können. Wir werden Ihnen im Verlauf dieses Buches in Beispielen und Übungen zeigen, wie Sie berufliche Situationen zur Unterstützung Ihrer Präsentation erfolgreich einsetzen.

Es genügt nicht, im Gespräch nur die fachliche Eignung herauszustellen. Sie müssen auch zeigen, dass Sie über die Fähigkeit zur realistischen Selbsteinschätzung und Selbstreflexion verfügen. Genauso wenig werden Sie überzeugen, wenn Sie sich als schillernde Persönlichkeit darstellen, aber nicht vermitteln können, dass Sie die Routineaufgaben der Position in den Griff bekommen.

Deshalb ist eine optimale Vorbereitung der Vorstellungsgespräche so wichtig für Sie. Nur wenn Sie wissen, was man von Ihnen erwartet und was Sie von der Firma erwarten, können Sie Pluspunkte sammeln. Im weiteren Verlauf dieses Ratgebers vermitteln wir Ihnen daher, wie Sie das Zusammenspiel Ihrer fachlichen Kenntnisse und Ihrer persönlichen Fähigkeiten so darstellen, dass Sie glaubwürdig wirken und als Person überzeugen.

Die Wünsche der Personalverantwortlichen

Die Aufgabe der Personalverantwortlichen ist es, sich im Vorstellungsgespräch einen umfassenden Eindruck vom Bewerber zu verschaffen. Es geht nicht vorrangig um den ersten Eindruck und darum, sich gegenseitig sympathisch zu sein. Die Ergebnisse eines Bewerbungsgespräches müssen vermittelbar sein. Personalverantwortliche müssen gegenüber der Geschäftsleitung und den Leitern der Fachabteilungen begründen können, warum sie einen bestimmten Kandidaten empfehlen.

Ein aussagekräftiges Profil

Aus den Fragen und Antworten der Bewerberinnen und Bewerber müssen die Personalverantwortlichen die persönliche und fachliche Eignung herauslesen. Am besten können Personalverantwortliche einen Bewerber dann vertreten, wenn er selbst passgenaue Einstellungsargumente liefert. Deshalb nimmt die passgenaue, stärkenorientierte und glaubwürdige Selbstpräsentation eines Bewerbers die gewichtigste Rolle im Vorstellungsgespräch ein.

Vielen Bewerbern scheint die herausragende Bedeutung der Selbstpräsentation nicht klar zu sein. Personalverantwortliche beklagen immer wieder, dass Bewerber nicht in der Lage sind, ein aussagekräftiges Profil zu liefern, dass sie nichtssagende Floskeln verwenden und ihr eigenes Profil nicht auf die Anforderungen der neuen Stelle abstimmen.

Aus diesem Grund steht die Selbstpräsentation, mit der Sie im Vorstellungsgespräch Ihr individuelles Profil ausdrücken, im Mittelpunkt unserer Ratschläge und Empfehlungen. Nutzen Sie die Chance, sich mithilfe unserer Übungen, Tipps und Beispiele ein detailliertes und glaubwürdiges Stärkenprofil für Gespräche zu entwickeln. Teile der Selbstpräsentation werden Ihnen in unseren Hinweisen zur Beantwortung von typischen Fragen in Vorstellungsgesprächen wieder begegnen. So können Sie in Ihre Antworten Beispiele aus Ihrer beruflichen Praxis einarbeiten. Mit dieser Argumentationsstrategie überzeugen Sie Personalverantwortliche, die leider zu oft erleben, dass Bewerber entweder gar nicht auf Fragen antworten können oder aber inhaltslose Antworten geben.

Aus unserer Beratungspraxis wissen wir auch, dass sich Personalverantwortliche von Bewerberinnen und Bewerbern im Gespräch oft »allein gelassen« fühlen. Eine Haltung, die ausdrückt »Machen Sie etwas aus mir, Sie sind schließlich der Profi«, verkennt die Situation. Die Bewerber müssen selbst die Argumente für ihre Einstellung liefern. Ein Vorstellungsgespräch ist schließlich kein Beratungsgespräch, in dem das berufliche Profil eines berufserfahrenen Um- oder Aufsteigers mithilfe des Personalverantwortlichen erstellt wird.

Souveränität und Flexibilität

Überzeugende Bewerberinnen und Bewerber kennen ihr Profil, wissen, was Personalverantwortliche mit ihren Fragen herausfinden wollen, können ihre Stärken benennen, liefern konkrete Beispiele für ihre Fähigkeiten und Kenntnisse, reagieren souverän auf Stressfragen, stellen fundierte Fragen und können sich auf ihre Gesprächspartner flexibel einstellen. Sie werden sehen, dass auch Sie sich zu einem überzeugenden Bewerber entwickeln, wenn Sie unsere Ratschläge und Anregungen intensiv bearbeitet haben.

Wenn Sie es gelernt haben, Personalverantwortliche zu überzeugen, haben Sie die Basis dafür geschaffen, auch andere Firmenvertreter für sich einzunehmen. Personalverantwortliche sind die »härteste Nuss«, die Sie im Vorstellungsgespräch knacken müssen. Durch spezielle Schulungen und den häufigen Umgang mit Bewerberinnen und Bewerbern haben Personalverantwortliche ein professionelles Gespür für Widersprüche, Defizite und Selbstüberschätzungen entwickelt. Andere Gesprächspartner wie Geschäftsführer und Fachvorgesetzte vertrauen eher intuitiv einem allgemeinen Eindruck und haken dann mit Fachfragen nach. Mit den ihnen vertrauten fachlichen Themenfeldern haben Bewerber naturgemäß weniger Schwierigkeiten. Personalverantwortliche dagegen müssen mit plausiblen Argumenten überzeugt werden.

Sie lernen in diesem Ratgeber die Spielregeln und die häufig gestellten Fragen kennen, nach denen Personalverantwortliche Vorstellungsgespräche mit Ihnen führen. Unsere Übungen und Beispiele werden Ihnen nach und nach die Sicherheit vermitteln, die Ihnen in Vorstellungsgesprächen weiterhilft.

Der Begründungsbedarf nimmt zu

Eine verständliche Darstellung Ihrer beruflichen Aufgaben

Der Inhalt qualifizierter beruflicher Tätigkeiten lässt sich immer schwerer vermitteln. Wenn Kinder die Fragen stellen »Mutti, was machst du eigentlich den ganzen Tag im Büro?«

oder »Papi, was arbeitest du?«, setzt erst einmal das große Grübeln ein. Nur den wenigsten Berufstätigen fällt es leicht, aus dem Stegreif eine verständliche Darstellung ihrer beruflichen Aufgaben zu liefern. In der Regel wird auf die offizielle Berufsbezeichnung zurückgegriffen. Die bloße Angabe »Ich bin Wirtschaftsingenieur«, »Ich bin Kommunikationselektronikerin« oder »Ich arbeite im Außendienst« vermittelt aber nicht die hinter der Tätigkeit stehenden Inhalte.

Mit der Nennung einer Berufsbezeichnung werden sich nicht nur die Kinder, sondern auch Personalverantwortliche im Vorstellungsgespräch nicht zufrieden geben. Der mithilfe der Berufsbezeichnung eingeleitete Rückzug auf die formale Ebene führt nicht weiter. Sie müssen inhaltlich argumentieren, das heißt, Sie müssen anhand von Beispielen darstellen, was Sie eigentlich machen. Gerade im Vorstellungsgespräch geht es darum, den Berufsalltag, die Aufgabenfelder und ihre Umsetzung zu schildern, und was Sie in der Vergangenheit geleistet haben.

Aufgabenfelder und ihre Umsetzung schildern

Der Grund für die Probleme bei der Vermittlung von beruflichen Inhalten liegt in der Spezialisierung innerhalb der Arbeitswelt. Unsere Arbeitswelt tendiert zu immer ausgefeilterer Arbeitsteilung und ständig differenzierter werdenden Berufsbildern. Zu traditionellen Berufen wie Bäcker, Schuster oder Schneider fallen uns die wesentlichen Tätigkeiten noch ein. Probleme ergeben sich bei heutigen Berufen wie »Projektingenieurin«, »Event-Manager«, »Human Resource Mitarbeiterin«, »Account-Mitarbeiter«, »Systemberaterin Pre-Sales«, »Qualitätsentwickler« oder »E-Commerce-Experte«.

Hinter den bloßen Berufsbezeichnungen können sich ganz unterschiedliche Betätigungsfelder verbergen: Zum Beispiel kann eine Projektingenieurin verantwortlich sein für die Anlageninbetriebnahme, die Projektierung, die Prototypenentwicklung, die Qualitätssicherung, den technischen Vertrieb im Innendienst, den technischen Vertrieb im Außendienst und Produktionsoptimierungen. Sie kann in der Beratung, der Konstruktion, der Entwicklung, Forschung, dem Verkauf, dem Marketing, der Organisation und der Produktion tätig sein.

Das Beispiel verdeutlicht, dass eine allgemein gehaltene Berufsbezeichnung alleine nicht ausreicht. Nicht jede Projektingenieurin ist daher für jede Stelle geeignet. Trotzdem versuchen Bewerberinnen und Bewerber immer wieder, sich mit diesem floskelhaften Argumentationsschema zu bewerben: »Sie suchen einen Mitarbeiter im Marketing. Ich arbeite im Marketing. Also bin ich für Sie geeignet.«

Inhaltlich konkret argumentieren

Bewerberinnen und Bewerber, die im Vorstellungsgespräch erfolgreich sein wollen, müssen lernen, inhaltlich zu argumentieren. Dabei müssen sie die Anforderungen der neuen Position und ihren bisherigen Werdegang abgleichen. Eine detaillierte Auseinandersetzung mit dem, was Sie bisher getan haben, und dem, was Sie in der neuen Position tun sollen, ist unerlässlich.

Verstecken Sie sich nicht hinter einer Berufsbezeichnung. Wir zeigen Ihnen im Folgenden, wie Sie sich das hinter Ihrer Berufsbezeichnung stehende Profil erarbeiten und wie Sie dieses Profil auf die Anforderungen der neuen Stelle individuell zuschneiden. Sie werden sich konkrete Belege und Beispielsituationen für Ihre fachlichen Kenntnisse und persönlichen Fähigkeiten erarbeiten, mit denen Sie sich im Vorstellungsgespräch optimal präsentieren können.

AUF EINEN BLICK

Wozu noch ein Vorstellungsgespräch?

→ Im Vorstellungsgespräch sind Sie als Persönlichkeit gefragt. Personalverantwortliche haben sich anhand Ihrer schriftlichen Unterlagen ein Bild von Ihnen gemacht, das im Vorstellungsgespräch überprüft wird.

→ Ihre Berufsbezeichnung ist nur ein formaler Rahmen, der im Vorstellungsgespräch durch konkrete Tätigkeitsbeispiele ausgefüllt werden muss.

→ Sie müssen im Vorstellungsgespräch doppelte Überzeugungsarbeit leisten: Erstens müssen Sie verdeutlichen, dass Sie den Anforderungen der ausgeschriebenen Stelle gerecht werden. Zweitens müssen Sie klarmachen, dass Sie zu der Unternehmenskultur passen.

→ Vorstellungsgespräche verlaufen nur dann erfolgreich, wenn Sie sowohl Ihre Berufskenntnisse als auch Ihre persönlichen Fähigkeiten mit Beispielen aus Ihrem Werdegang belegen können. Sie überzeugen, wenn Sie inhaltlich argumentieren können.

→ Personalverantwortliche brauchen von Ihnen Argumente, warum sie gerade Sie einstellen sollten. Nur dann können Sie gegenüber Fachvorgesetzten und Geschäftsführern begründen, warum Sie die beste Wahl für die ausgeschriebene Position sind.

→ Diese Einstellungsargumente liefern Sie durch eine schlüssige und aussagekräftige Selbstpräsentation Ihrer Kenntnisse und Fähigkeiten.

→ Als gut vorbereiteter Bewerber kennen Sie Ihr Profil, können Ihre Stärken verdeutlichen, Beispiele für Ihre Qualifikationen liefern, angemessen auf Stressfragen reagieren, eigene Fragen stellen und flexibel auf unterschiedliche Gesprächspartner eingehen.

2. Warum sollten wir gerade Sie einstellen? Ihre Einstellungsargumente in Form einer Selbstpräsentation

Das Herzstück unserer Beratungstätigkeit ist die personenbezogene Entwicklung des beruflichen Stärkenprofils von Bewerbern. Wir zeigen Ihnen in diesem Kapitel, welche Fehler Bewerber vorzeitig ins Aus befördern und mit welchen Überzeugungsregeln sich eine schlüssige Selbstdarstellung vor dem Vorstellungsgespräch ausarbeiten lässt. Sie lernen, Ihre Stärken in einem Kurzvortrag so darzustellen, dass Sie sowohl fachlich als auch persönlich überzeugen.

Sich positiv von anderen abheben

Um eine Firma davon zu überzeugen, dass gerade Sie die optimale Besetzung für die ausgeschriebene Position sind, müssen Sie Ihre fachlichen Kenntnisse und Ihre persönlichen Fähigkeiten im Vorstellungsgespräch so darstellen, dass Sie sich von anderen Bewerberinnen und Bewerbern positiv abheben.

Bedenken Sie immer: Nicht derjenige, der die Anforderungen des Arbeitsplatzes am besten erfüllt, wird eingestellt, sondern derjenige, der sich im Bewerbungsverfahren am überzeugendsten darstellt. Die Entwicklung einer glaubwürdigen Selbstpräsentation ist deshalb das Fundament für Ihr Vorstellungsgespräch.

Mit den Informationen und den Übungen in diesem Kapitel werden wir Sie in die Lage versetzen, Ihre eigene Selbstpräsentation zu entwickeln. Los geht es damit, dass Sie lernen, sich mündlich so darzustellen, dass klar wird, dass Sie die beziehungsweise der Richtige für den Arbeitsplatz sind. Ihr Vortrag zum Thema »Warum ich in Ihrer Firma als XYZ arbeiten will!« wird eine Länge von etwa drei Minuten haben. Mit diesem Zeitrahmen vermeiden Sie die Gefahr langatmiger Ausführungen und präsentieren sich als Bewerber, der in der Lage ist, die Darstellung seiner beruflichen Entwicklung auf den Punkt zu bringen.

Eine gut ausgearbeitete Selbstpräsentation ist eine solide Grundlage zur optimalen Reaktion auf folgende Fallstricke eines jeden Vorstellungsgesprächs:

- **Sie erarbeiten sich damit Ihre Antworten auf die wichtigste Frage in Vorstellungsgesprächen: »Warum sollten wir gerade Sie einstellen?«**
- **Sie ermöglicht die überzeugende Beantwortung spezieller Fragen zu Ihren fachlichen Kenntnissen und persönlichen Fähigkeiten.**
- **Sie bewirkt eine souveräne Reaktion auf Stressfragen.**

Die Frage »Warum ist gerade dieser Bewerber der Richtige für uns?« steht bei Vorstellungsgesprächen von Anfang an im Raum. In vielen Vorstellungsgesprächen wird von Personalverantwortlichen gleich am Gesprächsanfang nachgefragt:

- **»Warum haben Sie sich bei uns beworben?«,**
- **»Was interessiert Sie an der Stelle?« oder**
- **»Stellen Sie sich bitte kurz vor!«**

Startvorteile durch die richtige Vorbereitung

Sie verschaffen sich erhebliche Startvorteile für den weiteren Gesprächsverlauf, wenn Sie Ihren bisherigen beruflichen Werdegang kurz, aber schlüssig darstellen und konkrete Beispiele geben können, die auf das Anforderungsprofil der Firma eingehen.

Um- und Aufsteiger sind keine Berufsanfänger und verfügen deshalb über einen umfangreichen Fundus an beruflichen Erfahrungen. Wir wissen aus unserer Beratungstätigkeit, dass ihr Problem in der Regel darin besteht, die wesentlichen Informationen für die neue Stelle herauszufiltern. Im Vorstellungsgespräch müssen Sie in der Lage sein, in einer kurzen Zeitspanne so viel relevante Informationen wie möglich unterzubringen. Damit Ihnen dies gelingt, lernen Sie nun

- **zu erkennen, welche Forderungen Firmen an Bewerber stellen,**
- **wie Sie eine Selbstpräsentation aufbauen,**

- → **wie Sie Fehler in der Selbstpräsentation vermeiden und**
- → **wie Sie Überzeugungsregeln in der Selbstpräsentation einsetzen.**

Was Unternehmen von Bewerbern erwarten

Viele Bewerber mit Berufserfahrung neigen dazu, im Vorstellungsgespräch die fachlichen Kenntnisse in den Vordergrund zu stellen, aber die Darstellung der persönlichen Fähigkeiten zu vernachlässigen. Doch gerade die überzeugende Präsentation Ihrer persönlichen Fähigkeiten sichert Ihnen den Erfolg im Vorstellungsgespräch.

Wichtig: ein Perspektivenwechsel

Welche Kompetenzen sind im Berufsleben gefragt? Welche Anforderungen stellen Unternehmen an qualifizierte Mitarbeiter? Ihre gründliche Auseinandersetzung mit den Erwartungen der Unternehmen ist ein wichtiger Schritt auf dem Weg zum überzeugenden Vorstellungsgespräch und wird später belohnt werden. Darum nehmen wir in diesem Abschnitt einen Perspektivenwechsel vor.

Wenn Sie wissen, was Unternehmen von Ihnen erwarten, können Sie diese Anforderungen aufgreifen und in Ihre Selbstpräsentation aufnehmen. Dadurch zeigen Sie dem Unternehmen, dass diese Erwartungen von Ihnen erfüllt werden. Die Anforderungen der Unternehmen an Bewerber lassen sich in zwei Gruppen einteilen: in fachliche Kenntnisse und in persönliche Fähigkeiten.

Klassische Anforderungen: fachliche Kenntnisse

Weil Sie ohne Fachkenntnisse keinen Beruf ausüben können, bezeichnen wir fachliche Kenntnisse als klassische Anforderungen. Ohne Fachkenntnis geht überhaupt nichts. Fachliche Kenntnisse werden auch als »Fachwissen« oder »fachliche Kompetenz« bezeichnet. Es geht darum, welches Wissen Sie in bestimmten Bereichen haben, die für Ihr Tätigkeitsfeld wichtig sind.

Fachlich passgenaue Bewerber

Bei den Unternehmen ist zurzeit der Trend festzustellen, dass der fachlich passgenaue Bewerber gesucht wird. Das heißt, dass die fachliche Kompetenz des »Wunschkandidaten« möglichst genau mit den fachlichen Anforderungen des Unternehmens übereinstimmen sollte.

Von der Unternehmensseite her werden Fachkenntnisse nochmals in verschiedene Wissensbereiche unterteilt. Wenn Sie sich auf einen neuen Arbeitsplatz bewerben, bestehen die Anforderungen an Ihre fachlichen Kenntnisse immer aus einer Mischung der folgenden klassischen Wissensbereiche:

→ **Berufskenntnisse**
→ **Fremdsprachenkenntnisse**
→ **Computerkenntnisse**

Berufskenntnisse

Berufskenntnisse setzen sich aus dem im Studium oder in der Ausbildung erworbenen Fachwissen und den im Berufsalltag vertieften fachlichen Kenntnissen zusammen.

Erworbenes Fachwissen

Wenn Sie beispielsweise als Werbekauffrau tätig sind, wissen Sie, wie man Kataloge und Mailings erstellt und wie Verkaufsunterlagen konzipiert, getextet und grafisch gestaltet werden. Sie können Anzeigenwerbung koordinieren, Direktwerbeaktionen organisieren und Redaktionsbeiträge für Fachzeitschriften verfassen.

Als Kreditsachbearbeiter im Immobilienbereich besteht Ihre Berufskenntnis darin, dass Sie wissen, wie man Gutachten beurteilt, Sicherheiten bewertet, Kreditvorlagen erarbeitet, Kreditverträge erstellt und laufende Verträge überwacht.

Als technischer Einkäufer im Maschinenbau bringen Sie Berufskenntnisse darüber mit, wie man Maschinenteile, -elemente und -werkzeuge einkauft, Termine sichert und verfolgt, Beschaffungsmärkte beobachtet und analysiert und leistungsfähige und kostengünstige Bezugsquellen ermittelt.

Fremdsprachenkenntnisse

Kommunikation weltweit

Da die meisten Unternehmen europaweit beziehungsweise weltweit tätig sind, steigen auch ihre Anforderungen bezüglich der Kommunikationsfähigkeit ihrer Mitarbeiter ständig. In den meisten Fällen geht es nicht um perfekte Sprachkenntnisse, sondern um Grundkenntnisse der jeweiligen Sprache. Wenn aber für eine ausgeschriebene Stelle bestimmte Sprachkenntnisse verlangt werden, sollte der Bewerber deutlich machen, dass er in der gewünschten Sprache Verhandlungen am Telefon führen und im Schriftverkehr per E-Mail oder Fax bestehen kann.

Computerkenntnisse

Die tägliche Praxis zählt

Fachkenntnisse in PC-Anwendungsprogrammen, wie Textverarbeitung, Tabellenkalkulation oder Datenbanken, sind aus dem Arbeitsalltag nicht mehr wegzudenken.

Auch wenn sich bestimmte Standardprogramme durchgesetzt haben, verwenden noch längst nicht alle Firmen identische PC-Programme. Werden in Stellenausschreibungen von Ihnen bestimmte PC-Kenntnisse verlangt, über die Sie nicht verfügen, heißt dies nicht, dass Sie mit Ihrer Bewerbung chancenlos sind. Im Bewerbungsverfahren ist es oft ausreichend, wenn Bewerber schlüssig belegen, dass sie über tägliche PC-Praxis verfügen und deshalb in der Lage sind, sich schnell in neue Programme einzuarbeiten.

Fachliche Kenntnisse allein reichen heute jedoch nicht mehr aus, um qualifizierte Berufe erfolgreich ausüben zu können. Deshalb machen wir Sie jetzt mit der zweiten Gruppe von Anforderungen – den persönlichen Fähigkeiten – vertraut.

Moderne Anforderungen: persönliche Fähigkeiten

Soziale Kompetenz

Wenn Sie die Stellenanzeigen einer beliebigen Zeitung überfliegen, merken Sie schnell, dass bestimmte Schlüsselbegriffe in den einzelnen Anzeigen immer wieder auftauchen, beispielsweise Flexibilität, Motivation, Kommunikationsfähigkeit, Initiative, Organisationsgeschick und viele andere. Diese Schlüsselbegriffe haben keinen direkten Bezug zu den fachlichen Kenntnissen der Bewerberinnen und Bewerber, sondern beziehen sich auf die Person. Daher werden sie auch persönliche Fähigkeiten, außerfachliche Fähigkeiten, Soft Skills oder auch soziale Kompetenz genannt. Es geht bei den persönlichen Fähigkeiten darum,

- **wie Sie Ihre Fachkenntnisse zur Lösung von beruflichen Aufgaben einsetzen und**
- **wie Sie bei der Arbeit mit Kollegen, Mitarbeitern und Kunden umgehen.**

Das bloße Vorhandensein von Fachwissen genügt nicht mehr, das Wissen muss zur Lösung beruflicher Aufgaben eingesetzt werden können. Hierzu sind bestimmte Fähigkeiten vonnöten, die Sie immer wieder in Stellenanzeigen lesen können. Die fünf wichtigsten persönlichen Fähigkeiten, um Fachwissen im Beruf umsetzen zu können, haben wir für Sie zusammengefasst und näher erläutert:

- → **Kundenorientierung**
- → **Team- und Projektarbeit**
- → **selbstständiges Arbeiten**
- → **Belastungs- und Kritikfähigkeit**
- → **Lernbereitschaft**

Kundenorientierung

Qualifizierte Berufe, wie beispielsweise Bürokauffrau, Bankkaufmann, Industriekauffrau, Kaufmann im Groß- und Außenhandel, Steuerfachangestellte, Versicherungskaufmann oder Reiseverkehrskauffrau, haben alle gemeinsam, dass die Orientierung auf den Kunden und seine speziellen Wünsche immer wichtiger wird. Der Grund für diese Entwicklung liegt darin, dass die angebotenen Produkte und Dienstleistungen heute immer austauschbarer werden.

Erfolg durch Kundenbindung

Deswegen sind die Aspekte der Dienstleistung im Wettbewerb um die Gunst des Kunden entscheidend geworden: Wer behandelt seine Kunden so, dass sie auch noch das nächste Mal zu ihm kommen? Wer bietet den besten Service, nachdem ein Produkt verkauft wurde? Wer ist in der Lage, fachlich zu beraten und Terminvorgaben einzuhalten?

Wenn Sie der Forderung nach Kundenorientierung gerecht werden wollen, müssen Sie verdeutlichen, dass Sie wissen, wie wichtig enge Kundenbindungen für den Unternehmenserfolg sind. Sie müssen vermitteln können, dass Sie keine Angst vor Kundenkontakt haben und dass Sie über die notwendigen sprachlichen Ausdrucksfähigkeiten und eine gute Portion an Verhandlungsgeschick verfügen.

Team- und Projektarbeit

Teamfähigkeit und Wissensvernetzung

Teamfähigkeit bezeichnet die Fähigkeit, zusammen mit anderen Menschen berufliche Aufgabenstellungen lösen zu können. Diese persönliche Fähigkeit wird von Unternehmensseite als unverzichtbare Eigenschaft von Bewerbern angesehen. Der schweigsame Einzelkämpfer, der Informationen für sich behält, alleine vor sich hinarbeitet und keinen Kontakt zu den anderen Beschäftigten hält, ist in einem Unternehmen nicht lange überlebensfähig. Teamarbeit bedeutet allerdings auch nicht, sich hinter einer Gruppe zu verstecken und nur dann aufzutauchen, wenn es um die Belohnung für gute Gruppenleistungen geht. Optimale Teamergebnisse gelingen nur dann, wenn Mitarbeiter mitdenken, Vorschläge machen und sich selbst überlegen, wie sie Arbeitsabläufe verbessern können.

Projektarbeit ist eine Variante der Teamarbeit. Im Unterschied zur klassischen Teamarbeit werden zur Bewältigung von Aufgaben nicht nur Mitarbeiter aus einer Abteilung oder Arbeitsgruppe, sondern aus verschiedenen Abteilungen eingesetzt. Soll beispielsweise in einer Bank ein neues Modell für Girokonten entwickelt werden, ist dafür das Wissen von unterschiedlichen Experten gefragt. Die Werbeprofis schmieden Pläne für eine Marketingkampagne, die Kostenexperten errechnen am Computer, zu welchen Preisen das neue Konto angeboten werden kann, und die Kundenberater überlegen, wie sie im Gespräch am Schalter möglichst viele Kunden von den Vorzügen des neuen Girokontos überzeugen können. Dies alles geschieht in ständiger Abstimmung untereinander. Regelmäßige Konferenzen und Treffen begleiten den Arbeitsprozess bis zur Markteinführung.

Teamfähigkeit und die Fähigkeit zur Projektarbeit lassen sich nicht einfach von oben herab verordnen, sondern müssen bereits während der Ausbildung und während der ersten Berufsjahre entwickelt worden sein. Im Vorstellungsgespräch werden Ihnen manchmal spezielle Fragen gestellt, um festzustellen, wie teamfähig Sie sind (sehen Sie hierzu das Kapitel »Auf diese Fragen sollten Sie sich vorbereiten«).

Selbstständiges Arbeiten

Eigenverantwortung hervorheben

Begriffe wie »Eigeninitiative«, »Verantwortung«, »einsatzfreudig«, »engagiert«, »aufgeweckt« oder »selbstständig« werden Sie häufig in Stellenanzeigen lesen. Das zeigt deutlich, dass das eigenständige Handeln der Mitarbeiter trotz vermehrter Teamarbeit noch lange nicht abgeschafft worden ist. Im Gegenteil: Da in den Unternehmen viele Hierarchieebenen der Entscheidungs- und Informationswege immer weiter aufgelöst werden, wachsen die Ansprüche an das eigenverantwortliche Handeln der Beschäftigten. Auch wenn Teams Erfolge erzielen wollen, muss jeder Einzelne seinen Arbeitsbereich im Griff haben und in der Lage sein, Aufgaben selbstständig zu strukturieren und zu lösen.

Belastungs- und Kritikfähigkeit

Der Umgang mit Stress

Bei prall gefüllten Auftragsbüchern werden Beschäftigte größeren Arbeitsbelastungen ausgesetzt. Nimmt der Druck zu, kann der Umgangston im Unternehmen schon etwas rauer werden. Von den Mitarbeitern wird dementsprechend erwartet, dass sie in der Lage sind, diesen stärkeren Druck über eine gewisse Zeit auszuhalten. Ihre Fähigkeiten im Umgang mit Stress am Arbeitsplatz sind daher enorm wichtig. Wer unter Stress schnell die Nerven verliert, wer sich mehr damit beschäftigt, darüber zu diskutieren, wer etwas falsch gemacht hat, statt nach Lösungen zu suchen, oder wer sich beleidigt in die Schmollecke zurückzieht, kassiert Minuspunkte. Die Unternehmen brauchen Mitarbeiter, die sich auch bei Gegenwind nicht gleich unterkriegen lassen und Belastungen aushalten. Darüber hinaus sollten Mitarbeiter auch über die Bereitschaft verfügen, Kritik anzunehmen und sich damit auseinander zu setzen.

Wir wissen aus unserer Beratungserfahrung, dass Personalverantwortliche im Vorstellungsgespräch oft versuchen, die Belastungs- und Kritikfähigkeit von Bewerbern zu überprüfen. Dazu setzen sie Stressfragen ein, die Sie unter Druck setzen sollen. Eine beliebte Stressfrage ist zum Beispiel: »Wie gehen Sie mit ungerechtfertigter Kritik um?« (Tipps zum Umgang mit Stressfragen dieser Art finden Sie im Kapitel »Gesprächstechniken, die Sie kennen sollten«.)

Lernbereitschaft

Flexibilität und Einsatzbereitschaft

Damit Firmen im Wettbewerb um die Kunden bestehen können, ist die regelmäßige Teilnahme der Mitarbeiter an Fort- und Weiterbildungsmaßnahmen unverzichtbar. Vor allem Computerkenntnisse veralten schnell. Ständig werden neue EDV-Systeme und -Programme auf den Markt gebracht. Auch die angebotenen Produkte und Dienstleistungen der Firmen verändern sich, und es kann nur der sachkundig beraten, der sich vorher gründlich mit der Angebotspalette beschäftigt hat. Dazu werden Produkt- und Verkaufsschulungen durchgeführt, aber es wird auch erwartet, dass sich die Mitarbeiter selbstständig über Veränderungen informieren.

Im Vorstellungsgespräch versuchen die Personalverantwortlichen zu überprüfen, ob die Bereitschaft zu regelmäßigem Lernen vorhanden ist. Dazu gehören beispielsweise die Fragen: »Welches Buch haben Sie zuletzt gelesen?«, »Haben Sie neben der Berufstätigkeit Weiterbildungskurse besucht?« oder »Wenn Sie Geld hätten und ein Jahr nicht zu arbeiten bräuchten, was würden Sie dann machen?« (Weitere Fragen und mögliche Antworten zu diesem Themenkomplex finden Sie in den Kapiteln »Auf diese Fragen sollten Sie sich vorbereiten« und »Die 50 häufigsten Fragen und die besten Antworten«).

Überprüfung und Darstellung persönlicher Fähigkeiten

Alle Unternehmen wünschen sich von ihren Mitarbeitern die speziellen persönlichen Fähigkeiten, die zur Bewältigung von beruflichen Aufgaben benötigt werden. Persönliche Fähigkeiten lassen sich aber nicht so leicht erfassen oder gar benoten wie Fachkenntnisse. In Schul- und Ausbildungszeugnissen gibt es keine Noten für Flexibilität, Kreativität oder Teamfähigkeit, und Arbeitszeugnisse sind ebenfalls selten aussagekräftig, was persönliche Fähigkeiten anbelangt.

Persönliche Fähigkeiten überzeugend darlegen

Hinzu kommt das Problem, dass – wie in der Mode – ganz bestimmte Trends vorherrschen und der größte Teil der Stellenanzeigen ein ähnliches Vokabular aufweist, um die Persönlichkeit des Wunschkandidaten zu beschreiben. So kommt es, dass sich mittlerweile jeder Bewerber im Vorstellungsgespräch als »motiviert, kreativ und teamfähig« bezeichnet. Dieser Austausch von Schlagworten erinnert unangenehm an Kontaktanzeigen in Singlebörsen im Internet, wo sich jeder Zweite als spontan, witzig oder ausgeflippt vorstellt und man das Gefühl nicht loswird, dass all diese tollen Typen am liebsten mit Chipstüte und Bierflasche vor dem Fernseher hocken.

Eine der wesentlichen Aufgaben von Personalabteilungen ist es deshalb, diejenigen, die über die gewünschten persönlichen Fähigkeiten verfügen, von denen zu unterscheiden, die es nur behaupten. Darum werden Sie in unseren Übungen trainieren, damit Sie die gefragten persönlichen Fähigkeiten im Vorstellungsgespräch überzeugend belegen können.

Fachliche Kenntnisse und persönliche Fähigkeiten erkennen

ÜBUNG

Welche fachlichen Kenntnisse und welche persönlichen Fähigkeiten bei Bewerbern gefragt sind, haben wir Ihnen gezeigt. Jetzt geht es darum, dieses Wissen anzuwenden.
Wir werden Ihnen mit einer Übung zeigen, wie Sie die konkreten Erwartungen herausfiltern, die ein Unternehmen an seine zukünftigen Mitarbeiter stellt.

Versuchen Sie, in den folgenden Stellenanzeigen die Anforderungen zu erkennen, und ordnen Sie die einzelnen Anforderungsmerkmale den fachlichen Kenntnissen und den persönlichen Fähigkeiten zu. Zunächst einmal ein Übungsbeispiel, damit Sie sehen, was wir damit meinen.

Kauffrau/-mann der Grundstücks- und Wohnungswirtschaft
»Sie haben Erfahrung im Bereich Buchhaltung/Abrechung für WEG-Objekte und Zinshäuser. Wir erwarten von unserer/m neuen Mitarbeiter/in, dass sie/er flexibel, selbstständig und teambezogen arbeitet. Sie sollten Weiterbildungsmaßnahmen offen gegenüberstehen.«

→ FORTSETZUNG AUF DER NÄCHSTEN SEITE

Lösung: Die Begriffe »flexibel und selbstständig« beziehen sich auf »selbstständiges Arbeiten«. Das »teambezogen« verweist auf »Team- und Projektarbeit«. Die »Offenheit gegenüber Weiterbildungsmaßnahmen« gehört zu »Lernbereitschaft«. »Erfahrung im Bereich Buchhaltung/Abrechnung für WEG-Objekte und Zinshäuser« bezieht sich auf »Berufskenntnis«.

Jetzt sind Sie am Zug. Werten Sie bitte die folgenden Stellenanzeigen aus.

Netzwerk- und Systemadministrator/in
»Ihre Hauptaufgabe sehen wir in der Betreuung unserer LAN-/WAN-Netzwerke unter TCP/IP. Darüber hinaus sollten Sie die gängigen MS-Backoffice-Produkte beherrschen. Aufgrund unserer Internationalität ist gutes Englisch in Wort und Schrift erforderlich. Sie überzeugen uns, wenn Sie kommunikativ und teamfähig sind.«

Kreditsachbearbeiter/in
»Sie bearbeiten selbstständig Firmenkundenengagements, inklusive der Fertigung von Entscheidungsvorlagen, Kredit- und Darlehensverträgen einschließlich der erforderlichen Sicherungsverträge und des laufenden Schriftverkehrs. Neben einer soliden Bankausbildung und guten Fachkenntnissen verfügen Sie über Erfahrungen in der Kreditsachbearbeitung.«

Vertriebsbeauftragte/r
»Sie sollen potenzielle Kunden durch Kreativität und Ideenreichtum für unsere Produkte begeistern, Veranstaltungen durchführen und individuelle Lösungen mit den Kunden erarbeiten. Wir erwarten solides betriebs-

wirtschaftliches Know-how, Erfahrung in der Neukundengewinnung, eine teamorientierte Arbeitsweise und Organisationstalent.«

Sachbearbeiter/in für den Bereich Hochbau
»Wir wünschen uns eine/n Mitarbeiter/in mit Berufserfahrung im Bereich Hochbau. Wir erwarten fundierte EDV-Erfahrung, insbesondere Kenntnisse in den Programmen Word und Excel. Wenn Sie außerdem aufgeschlossen sind, über Teamfähigkeit verfügen, Verhandlungsgeschick sowie Überzeugungs- und Durchsetzungsvermögen zu Ihren Fähigkeiten zählen, sollten Sie sich angesprochen fühlen.«

Chefsekretär/in bzw. Assistent/in
»Ihr zukünftiger Chef erwartet, dass Sie über eine fundierte Sekretariatsausbildung verfügen und Ihre Qualifikation bereits in ähnlicher Position bewiesen haben. Sie sollten die englische Sprache in Wort und Schrift beherrschen und ein sehr gutes Zahlenverständnis haben. Die Position verlangt ein ausgeprägtes kaufmännisches Verständnis und die Bereitschaft, komplexe Sachverhalte zu begleiten.«

Schema für die Selbstpräsentation

Es ist wichtig, dass Sie eine Struktur haben, in die Sie die wichtigen Informationen über Ihre fachlichen Kenntnisse und persönlichen Fähigkeiten einarbeiten können. Deshalb stellen wir Ihnen jetzt ein Schema vor, das Sie bei der Aufbereitung Ihrer Selbstpräsentation verwenden sollten.

Die Selbstpräsentation aufbereiten

Üblicherweise beginnen unvorbereitete Bewerberinnen und Bewerber ihre Selbstpräsentation mit den am weitesten zurückliegenden Ereignissen. Weit verbreitet sind daher Selbstdarstellungen im Stil von: »Ich ging in meinem Heimatort zur Grundschule, dann wechselte ich zur Realschule in die benachbarte Stadt, danach machte ich eine Ausbildung zum ...heute bin ich ..., meine Hobbys sind ....«.

Dieser Aufbau orientiert sich zu sehr an einem traditionellen Lebenslauf, der gleichberechtigt alle Informationen von der Schul- über die Ausbildungs- oder Studienzeit über die sich anschließenden beruflichen Tätigkeiten bis hin zur aktuellen auflistet.

Die für die Ausübung der neuen beruflichen Tätigkeit wichtigen Fakten fallen dabei jedoch unter den Tisch, weil einfach nicht genug Zeit dafür bleibt. Oft wird bei dieser ungeeigneten Form der Selbstdarstellung auch nur die aktuelle Berufsbezeichnung genannt, die konkreten Tätigkeitsfelder und besonderen Erfolge fallen dagegen unter den Tisch. Ein individuelles Bewerberprofil wird so aber nicht deutlich. Die Personalverantwortlichen können aus dieser falsch strukturierten Selbstdarstellung ohne Schwerpunktbildung nicht klar erkennen, warum ein Bewerber für die ausgeschriebene Stelle geeignet besonders geeignet sein soll.

Die richtige Reihenfolge

Machen Sie es besser, orientieren Sie sich bei Ihrer Selbstpräsentation an dem von uns in unserer Beratungspraxis entwickelten Schema:

- → **Die derzeitigen Aufgaben: Stellen Sie die Aufgaben, die Sie in Ihrer momentanen Position bearbeiten, an den Anfang Ihrer Selbstpräsentation.**
- → **Die Überschneidungen mit der neuen Stelle: Heben Sie dann ausführlich die Tätigkeiten hervor, die einen Bezug zur neuen Stelle haben.**
- → **Die berufliche Entwicklung: Erläutern Sie Ihre berufliche Entwicklung. Machen Sie klar, welche Stationen in Ihrem Leben Sie für Ihre jetzige Position qualifiziert haben.**
- → **Die Handlungsaufforderung am Ende: Sprechen sie am Ende klar aus, dass Sie Ihre umfassenden Erfahrungen, Ihr fachliches Know-how und insbesondere Ihr Engagement nun gerne für den neuen Arbeitgeber in die ausgeschriebene Stelle einbringen möchten.**

Sie werden sich mit dieser aussagekräftigen Art der Selbstdarstellung im Vorstellungsgespräch erhebliche Vorteile gegenüber unvorbereiteten Bewerbern erarbeiten. Denn unser Schema für Selbstpräsentationen fängt gezielt mit einer überblicksartigen Darstellung der momentanen Tätigkeitsfelder an und geht dann sofort ausführlich auf die Überschneidungen mit den künftigen Aufgaben ein. So werden die wichtigsten Einstellungsargumente im Vorstellungsgespräch zu einem Zeitpunkt genannt, an dem die Aufmerksamkeit und Aufnahmefähigkeit der Entscheider auf der Firmenseite besonders groß ist. Erst danach wendet es sich – deutlich knapper – wichtigen zurückliegenden Stationen Ihres Berufslebens zu. Damit Sie nicht in der Vergangenheit »stecken bleiben« beenden Sie Ihre Selbstpräsentation mit einer deutlichen Handlungsaufforderung. Schließlich präsentieren Sie Ihren Werdegang in dieser strukturierten Form, um letztendlich eingestellt zu werden.

Die derzeitigen Aufgaben: Sie sollten Ihre Selbstpräsentation mit der Darstellung Ihrer momentanen Tätigkeit beginnen. Die bloße Nennung Ihrer beruflichen Position ist dabei zu wenig. Stellen Sie stichwortartig Ihre Tätigkeitsfelder in Ihrer jetzigen Position dar. Ihre aktuelle Stelle ist der Hauptanknüpfungspunkt im Vorstellungsgespräch.

Praxisbezogen argumentieren

Die Überschneidungen mit der neuen Stelle: Die Tätigkeiten, die Sie als relevant für die neue Stelle sehen, sollten Sie im Anschluss ausführlicher darstellen. Dies können von Ihnen wahrgenommene Sonderaufgaben, umfassende Branchenkenntnisse, besondere berufliche Erfolge oder die Leitung von Projekten sein. Sie sollten aber auch die erfolgreiche Bewältigung von Routineaufgaben, die Sie ja hauptsächlich in der neuen Stelle erwarten, betonen. Den Bezug zur neuen Stelle können Sie auch durch die Darstellung von ausgewählten Fort- und Weiterbildungsmaßnahmen herstellen. Wenn Sie neue Kenntnisse und Fähigkeiten, die für die neue Stelle wichtig sind, erworben haben, empfiehlt es sich, diese hervorzuheben.

Die berufliche Entwicklung: Gehen Sie dann – ausgehend von Ihrer momentanen Position – zurück und nennen Sie die beruflichen Stationen, die vor Ihrer heutigen Tätigkeit liegen.

Wenn Sie viele Jahre bei nur einem Arbeitgeber tätig waren, erläutern Sie, wie Sie sich dort entwickelt haben und im Laufe der Jahre weitere Aufgaben wahrgenommen oder Kollegen regelmäßig vertreten haben. Wenn Sie in der Vergangenheit für unterschiedliche Firmen tätig waren, sollten Sie insbesondere auf die Stellen eingehen, die im weitesten Sinne einen Bezug zur ausgeschriebenen Stelle haben. Gewöhnen Sie sich daran mit ganz wenigen Worten auf Ihre Einstiegsposition, Ihre Ausbildung oder Ihr Studium einzugehen. Diese Stationen in Ihrem Lebenslauf sind zwar sehr wichtig, aber nach einigen Jahren Berufserfahrung oft nur noch eine formale Voraussetzung, wesentliche Einstellungsargumente lassen sich daraus nicht ableiten.

Die Handlungsaufforderung am Ende: Unvorbereiteten Bewerberinnen und Bewerbern tun sich meist schwer damit ihre Selbstpräsentation aktiv zu beenden. Hier gilt aber die gleiche Regel, die auch für sonstige Präsentationen im Berufsalltag gilt: Der Anfang und das Ende sind außerordentlich wichtig, hier hören die meisten besonders gut zu. Daher sollten Sie die Selbstpräsentation Ihrer Einstellungsargumente mit einer klaren Handlungsaufforderung beenden. Dabei brauchen Sie sich nicht selbst in den Himmel zu loben. Im Gegenteil, dies würde eher unangenehm auffallen. Bewährt haben sich Formulierungen wie »Meine hier geschilderten Erfahrungen in den Bereichen Service und technische Beratung möchte ich nun für Sie als Techniker im Außendienst einsetzen« oder »Mein fundiertes Branchenwissen und die dazugehörigen Kontakte möchte ich nun für Sie als Einkäufer Rohstoffe einsetzen« oder »Mit meinen umfangreichen Erfahrungen als Teamsekretärin würde ich Sie künftig gerne unterstützen«.

BEISPIEL

Präsentation eines IT-Mitarbeiters

Die derzeitigen Aufgaben: »Ich bin momentan als IT-Berater tätig. Zu meinen Aufgaben gehört die Leitung von Projektteams, die Konfiguration von Netzwerken, die Softwareschulung und das Programmieren von arbeitsplatzbezogenen Tools.«

Die Überschneidungen mit der neuen Stelle: »Projektteams habe ich bei der Integration neuer Hard- und Softwarelösungen gesteuert, aber auch zur Analyse, Konzeption und Umsetzung von individuellen Serverlösungen beim Kunden vor Ort. Im E-Commerce-Bereich habe ich bereits häufig Aufbauarbeit geleistet, die Wünsche von Kunden hinsichtlich aktueller Multi-Channel-Lösungen kenne ich gut. Auch die Arbeit mit Intra- und Internet-Technologien ist mir vertraut.«

Die berufliche Entwicklung: »Vor meiner derzeitigen Position als IT-Berater war ich als Softwareentwickler tätig. Der Schwerpunkt lag damals auf der objektorientierten Programmierung. Mein Studium der Informatik war die Basis für meinen Berufseinstieg. Auch die aktuellen Entwicklungen im Hard- und Softwarebereich verfolge ich im eigenen Interesse immer weiter.«

Die Handlungsaufforderung am Ende: »Ich möchte jetzt als IT-Projektmanager bei Ihnen tätig werden, da ich meine umfassenden Erfahrungen in der Leitung von Projektteams und aus Analysen und Schulungen beim Kunden vor Ort gerne für Sie einsetzen möchte.«

BEISPIEL

Präsentation einer Mitarbeiterin im Back-Office

Die derzeitigen Aufgaben: »Ich arbeite aktuell als Mitarbeiterin im Back-Office und bin dort mit der Kundenbetreuung, der Umsetzung von Vertriebsvorgaben und der regelmäßigen Erstellung von Präsentationen beschäftigt.«

Die Überschneidungen mit der neuen Stelle: »Im Rahmen der Kundenbetreuung geht es darum, individuelle Angebote zu erstellen und anschließend auch zu verfolgen. Oft wünschen die Kunden ja auch Modifikationen der Angebote, die ich dann durchführe. Bei der Vertriebsunterstützung geht es manchmal um Sonderaktionen, um Kundenwünsche hinsichtlich besonderer Regale zur Warenpräsentation oder auch um Nachfra-

→ FORTSETZUNG AUF DER NÄCHSTEN SEITE

gen und Reklamationen. Für den Vertriebsaußendienst werte ich regelmäßig Statistiken des Innendienstes aus und präsentiere diese. Dabei geht es um Abverkaufszahlen, den Warenabfluss im Lager und die künftigen Bestellmengen.«

Die berufliche Entwicklung: »Vor meiner heutigen Stelle habe ich als Bankkauffrau gearbeitet und war dort für die Firmenkundenbetreuung und Kreditsachbearbeitung zuständig. Hier habe ich auch meine Ausbildung absolviert. Die gängige Office-Bürosoftware setzte ich regelmäßig ein, aber auch spezielle Programme zur Auswertung statistischer Daten.«

Die Handlungsaufforderung am Ende: »Es würde mich freuen, wenn ich meine umfangreichen kaufmännischen Kenntnisse und vertrieblichen Erfahrungen bei Ihnen künftig im Bereich Customer-Services einsetzen könnte.«

ÜBUNG

Die aussagekräftige Selbstpräsentation

Üben Sie nun, Ihre Selbstdarstellung aussagekräftig zu gestalten. Entwickeln Sie zur Vorbereitung auf Vorstellungsgespräche eine Selbstpräsentation Ihrer wichtigsten Einstellungsargumente anhand unseres vorgestellten Schemas.

→ Momentan arbeite ich als ....
(Berufsbezeichnung)
....

→ Zu meinen Aufgaben gehört ....
(Tätigkeit 1)
....
(Tätigkeit 2)
....
(Tätigkeit 3)

→ Schwerpunktmäßig beschäftige ich mich dabei mit
.... (Überschneidung 1)
.... (Überschneidung 2)
.... (Überschneidung 3)

→ Dabei geht es auch oft um .... (Überschneidung 4)

→ und .... (Überschneidung 5)

→ Manchmal vertrete ich Kollegen im Bereich ....
.... (Überschneidung 6).

→ Vor meiner jetzigen Tätigkeit war ich als ....
.... (Stellenbezeichnung)
bei der Firma XY tätig.

→ Oder: Vor meinem Aufstieg zum (Stellenbezeichnung) habe ich in meiner Firma die Aufgaben eines (Stellenbezeichnung) übernommen.
→ Meine berufliche Entwicklung begann ich als (Stellenbezeichnung).
→ Basis dafür war meine Ausbildung zum XY/mein Studium der XY.
→ Eine Weiterbildung zum XY habe ich berufsbegleitend durchgeführt.
→ Oder: Wenn es passte, habe ich mich weitergebildet, beispielsweise zu den Zukunftsthemen A und B.
→ Ich möchte nun gerne als (Bezeichnung der ausgeschriebenen Position) bei Ihnen tätig werden, um meine umfangreichen Erfahrungen und Kenntnisse in den Bereichen ... und ... für Sie einzusetzen.

Lösen Sie sich von der herkömmlichen Selbstdarstellung, die mit der Schule beginnt und bei den Hobbys Joggen, Lesen oder Wandern aufhört. Präsentieren Sie sich potenziellen Arbeitge-

→ FORTSETZUNG AUF DER NÄCHSTEN SEITE

bern, indem Sie die für die neue Position wichtigsten Kenntnisse und Fähigkeiten hervorheben. Machen Sie deutlich, dass Sie wissen, was Sie in der neuen Position erwartet und dass Sie sich schon Gedanken darüber gemacht haben, wie Sie Ihr Wissen für den neuen Arbeitgeber sinnvoll einsetzen könnten. Und betonen Sie am Ende Ihren – realistischen – Einstellungswunsch.

Unterschiedliche Gesprächspartner überzeugen

In der Regel müssen Sie in einem Vorstellungsgespräch mehrere Personen von Ihren fachlichen Kenntnissen und persönlichen Fähigkeiten überzeugen. Häufig treffen Sie auf sehr unterschiedliche Gesprächspartner (Näheres hierzu finden Sie im Kapitel »Wer wird Ihnen gegenübersitzen?«). Sie sollten deshalb in der Lage sein, jeden Gesprächsteilnehmer mit dem prägnanten Kurzvortrag von Ihrem Profil zu überzeugen, das heißt, herauszustellen, was Sie für die zu vergebende Stelle geeignet macht. Dafür brauchen Sie die vorgestellte aussagekräftige Selbstpräsentation.

Wir wissen aus unserer Beratungstätigkeit, dass vielen Menschen das Ausformulieren der Selbstpräsentation schwer fällt. Dies liegt daran, dass die Abstufungen zwischen Überheblichkeit und übertriebener Selbstdarstellung auf der einen Seite und Unterwürfigkeit und Graue-Maus-Image auf der anderen Seite sehr fein erscheinen. Es ist nicht einfach, den richtigen Ton für die Darstellung der eigenen Person zu finden. Deshalb sollten Sie sich viel Zeit dafür nehmen und Ihre Selbstpräsentation auch ruhig einmal an Freunden »testen«.

BERATUNG

Aus unserer Beratungspraxis
Bewerbungsgespräch ohne Inhalt

Ein Teamleiter, der im Einkauf eines mittelständischen Unternehmens tätig war, kam zu uns, weil sein beabsichtigter Stellenwechsel immer wieder am Vorstellungsgespräch scheiterte.

Seiner Meinung nach war er auf Bewerbungsgespräche gut vorbereitet, und er wusste auch, dass er aufgrund seiner Qualifikationen sehr gefragt war.

Sein Qualifikationsprofil war in der Tat interessant, aber er hatte in Vorstellungsgesprächen immer wieder den gleichen Fehler begangen. Er war der Meinung, ein Bewerbungsgespräch sei »ein reines Schaulaufen ohne Inhalte«, in dem jede Seite versuche, die andere auszutricksen. Aus diesem Grund hatte er die Darstellung seines beruflichen Profils völlig vernachlässigt.

Seine Vorstellungsgespräche liefen meist ähnlich ab: Auf die Aufforderung »Beschreiben Sie sich einmal selbst!« reagierte er immer mit dem Satz: »Ich bin verheiratet, angele gerne und meine beruflichen Aufgaben dürften Ihnen klar sein.«

Nachdem wir mit ihm eine aussagekräftige Selbstpräsentation erarbeitet hatten, war er in der Lage, sein Profil klar und prägnant darzustellen und in Beispielen auf seine beruflichen Erfolge hinzuweisen. Sein erstes Vorstellungsgespräch mit der neuen Selbstpräsentation verlief zu seiner Überraschung sehr angenehm. Die angespannte Verhöratmosphäre der früheren Vorstellungsgespräche kam nicht mehr auf. Stattdessen konnte er jetzt seine beruflichen Erfolge in den Vordergrund stellen. Sein Aufstieg zum Abteilungsleiter gelang.

Fazit: Viele Bewerber haben das Problem, dass sie das Vorstellungsgespräch als rhetorischen Schlagabtausch begreifen. Sie übersehen dabei völlig, dass für die Personalverantwortlichen der Bewerber mit seiner Persönlichkeit und seinen Qualifikationen im Mittelpunkt steht. Eine ausgearbeitete Selbstpräsentation, die Ihre fachlichen Kenntnisse und persönlichen Fähigkeiten anhand von Beispielen aus der beruflichen Praxis dokumentiert, ist eine unverzichtbare Vorarbeit für erfolgreiche Bewerbungsgespräche.

Fehler in der Selbstpräsentation

Sie verfügen jetzt über das nötige Grundwissen, um sich im Vorstellungsgespräch als geeigneter Kandidat beziehungsweise als geeignete Kandidatin darzustellen. Doch aus unseren Kontakten zu Personalverantwortlichen und Personalberatungen wie auch aus unserer eigenen Beratungstätigkeit wissen wir, dass bei der Selbstdarstellung von Bewerbern im Vorstellungsgespräch ganz bestimmte Fehler immer wieder Fehler gemacht werden.

Damit Sie sehen, welche Fehler Sie unbedingt vermeiden sollten, stellen wir Ihnen zwei Beispiele für misslungene Selbstpräsentationen vor, die wir für Sie gründlich analysieren. Dabei bleiben wir selbstverständlich nicht stehen. Damit Sie konkret nachvollziehen können, wie es besser geht, stellen wir Ihnen die gleichen Bewerber anschließend noch einmal vor, dann allerdings mit gelungenen Selbstpräsentationen. Doch nun zunächst zu den Selbstdarstellungen, mit denen Bewerber sich um Kopf und Kragen reden, und in der Konsequenz letztendlich selbst aus dem Bewerbungsverfahren ausschließen.

BEISPIEL

Misslungene Selbstpräsentationen

In einem unserer Workshops zur Vorbereitung auf Bewerbungsgespräche brachten Teilnehmer die folgenden zwei Stellenanzeigen mit. Die beiden Selbstpräsentationen, die ohne Vorbereitung von den Teilnehmern geliefert wurden, sehen Sie bitte als Negativbeispiele, wie Sie es nicht machen sollen. Die Zahlen, die wir vergeben haben, weisen auf die Art des Fehlers hin. Die Erläuterungen dazu finden Sie im Anschluss an die beiden Negativbeispiele.

»Zur Verstärkung unseres Teams suchen wir eine/n

Vertriebsassistenten/in.

Wir stellen Software- und Hardware-Lösungen für die Videobearbeitung her. Unsere Kunden sind Zeitungsverlage, Radiostationen, Online-Dienste, private und öffentlich-rechtliche TV-Sender, Werbeagenturen. Sie werden bei der Bedarfs- und Problemanalyse bei diesen Kunden und bei der Ausarbeitung von Lösungskonzepten und Offerten mitwirken, unsere Key-Account-Manager bei Vorträgen und Präsentationen unterstützen und eine Vielzahl von organisatorischen Aufgaben wahrnehmen. Ein weiterer Schwerpunkt wird die Akquisition von Neukunden in den o. g. Bereichen sein. Sie sollten eine abgeschlossene kaufmännische Ausbildung mitbringen und mindestens einige Jahre Berufserfahrung.«

Selbstpräsentation 1

»Mich reizt die Möglichkeit, meine verkäuferischen Fähigkeiten bei Ihnen als Vertriebsassistent auszuprobieren. ❶, ❷

Da mich mein derzeitiges Aufgabengebiet nicht ausfüllt, suche ich zum nächstmöglichen Zeitpunkt eine Tätigkeit mit größerer Verantwortung und vielfältigeren Aufgabenbereichen. ❷

In meiner jetzigen Firma werde ich nicht mehr viel weiter kommen, da ich mit meinem Vorgesetzten nicht besonders gut auskomme. ❸, ❼

Ich verfüge über eine hohe Leistungs- und Lernbereitschaft und bin teamfähig, kreativ, flexibel und motiviert. ❹ Ich glaube, dass ich der Richtige für Sie bin.« ❻

Wir sind ein mittelständisches Maschinenbauunternehmen mit zukunftsorientierten und innovativen Technologien auf dem internationalen Markt. Zur Verstärkung unseres Service-Teams suchen wir eine/n

Servicetechniker/in

zur selbstständigen Durchführung von Inbetriebnahme, Wartung und Instandsetzung CNC-gesteuerter

→ FORTSETZUNG AUF DER NÄCHSTEN SEITE

Werkzeugfräsmaschinen im Großraum Stuttgart für die Betreuung des gesamten Bundesgebietes. Sie verfügen über Erfahrung im Bereich Maschinenbau, insbesondere in Mechanik, Elektronik und Hydraulik.

Neben Ihrem Fachwissen überzeugen Sie durch Selbstständigkeit und gutes Auftreten im Umgang mit Kunden. Für diese Tätigkeit sind einige Jahre Berufserfahrung erforderlich. Zu Ihren persönlichen Eigenschaften zählen Kommunikationsfähigkeit, eine kostenbewusste, zielorientierte und selbstständige Arbeitsweise sowie Flexibilität und Belastbarkeit.«

Selbstpräsentation 2

»Es würde mich interessieren, die von Ihnen angebotenen beruflichen Entwicklungschancen nutzen zu können. Ich habe mehrere Jahre lang berufliche Erfahrungen gesammelt. ❷

Bisher habe ich in Auftragsbearbeitung und der Endmontage gearbeitet und habe an verschiedenen Projekten mitgearbeitet. ❶, ❷

Den von Ihnen verlangten Anforderungen gerecht zu werden, wird sicherlich nicht leicht für mich, ich hoffe jedoch, es mit gezielter Unterstützung durch Ihr Unternehmen zu schaffen. ❼ Aus persönlichen Gründen bin ich sehr an der von Ihnen im Raum Stuttgart angebotene Stelle interessiert. ❸

Als Trainerin einer Herren-Volleyballmannschaft habe ich Kommunikation und Durchsetzungsfähigkeit gelernt. Ich arbeite zielorientiert und flexibel. ❹ Ich bin ein Mensch, der nicht ungeduldig wird und nicht so schnell aufgibt.« ❺

Unsere beiden Negativbeispiele enthalten Fehler, die Sie bei der Erstellung Ihrer Selbstpräsentation vermeiden können:

Fehler ❶: fachliche Anforderungen werden nicht erkannt und belegt
Fehler ❷: Profillosigkeit

Fehler ❸: kontraproduktive Ehrlichkeit
Fehler ❹: Leerfloskeln für persönliche Fähigkeiten
Fehler ❺: Nicht- und Negativ-Formulierungen
Fehler ❻: übertrieben positive Selbstbewertung
Fehler ❼: Selbstanklage

Fehler ❶: *Fachliche Anforderungen werden nicht erkannt und belegt:* Bewerberinnen und Bewerber, die sich nicht mit den fachlichen Anforderungen, die von neuen Arbeitgebern verlangt werden, auseinander setzen, haben wenig Chancen.

Chancen erkennen und umsetzen

Personalverantwortliche fürchten nichts mehr als Berufstätige, die es – ohne nähere Begründung – schlicht reizvoll finden, etwas Neues auszuprobieren. Auf die weiteren fachlichen Anforderungen aus der Stellenanzeige geht der Bewerber aus unserem Negativbeispiel 1 nicht ein. Die verlangte Beratungskompetenz und das geforderte verkäuferische Geschick belegt der Bewerber ebenfalls nicht.

Die Bewerberin aus dem Negativbeispiel 2 erklärt, dass sie bisher in der Auftragsbearbeitung und der Endmontage gearbeitet hat. Dies ist deshalb ungeschickt, da für die ausgeschriebene Position als Servicetechnikerin Erfahrungen in der »Durchführung von Inbetriebnahme, Wartung und Instandsetzung von CNC-gesteuerten Werkzeugfräsmaschinen« verlangt werden. Diese Erfahrungen belegt die Bewerberin nicht.

Anforderungsbezogen argumentieren

Fehler ❷: *Profillosigkeit:* Personalverantwortliche suchen Bewerber, die sich aus der Masse herausheben. Ziellos operierende Bewerber, die sich – wie in Negativbeispiel 1 – weniger für die einzelnen Aufgaben der zu vergebenden Position interessieren, sondern nur angeben, dass sie »vom derzeitigen Aufgabengebiet nicht ausgefüllt sind«, lassen bei Personalverantwortlichen die Alarmglocken klingeln. Die Reaktion, die Sie damit provozieren, lautet: »Warum hat sich der Bewerber nicht am derzeitigen Arbeitsplatz darum bemüht, zusätzliche Aufgaben und Projekte zu übernehmen?«

Im Negativbeispiel 2 ist der Hinweis »Ich habe mehrere Jahre berufliche Erfahrungen gesammelt« zu allgemein. Die Profillosigkeit der Bewerberin zeigt sich auch darin, dass sie auf ihre Mitarbeit an »verschiedenen Projekten« verweist und weder auf die Projekte noch auf die Art ihrer Projektmitarbeit eingeht.

Beide Bewerber argumentieren zu wenig von den zu vergebenden Positionen und deren Anforderungen her. Dadurch entsteht ein Bild von durchschnittlichen und abwartenden Bewerbern.

Fehler ❸: *Kontraproduktive Ehrlichkeit:* Im Bewerbungsverfahren ist zu viel Ehrlichkeit immer dann kontraproduktiv, wenn Sie – ohne dazu verpflichtet zu sein – Persönliches ansprechen, mit dem Sie sich selbst in ein ungünstiges Licht stellen.

Positive Selbstpräsentation

Probleme mit dem Vorgesetzten lassen den Bewerber in Beispiel 1 als Kandidaten erscheinen, der immer dann, wenn es Probleme am Arbeitsplatz gibt, auf »die anderen« als Schuldige verweist. Die Formulierung im Beispiel 2, »aus persönlichen Gründen bin ich an der Stelle im Raum Stuttgart interessiert«, ist grundsätzlich problematisch. Personalverantwortliche gehen dann davon aus, dass zwischenmenschliche Beziehungen für die Bewerberin einen größeren Wert haben als die Bindung zum Arbeitgeber. Als Schlussfolgerung stellt sich automatisch ein: Wechselt der Partner der Bewerberin in eine andere Region, verlieren wir eine Mitarbeiterin.

Fehler ❹: *Leerfloskeln für persönliche Fähigkeiten:* Die bloße Aufzählung von Begriffen aus dem Bereich persönliche Fähigkeiten ist ein typischer Fehler von Bewerbern. Ohne Beispiele und Belege sind die zugeordneten Eigenschaften »kreativ«, »flexibel«, »teamfähig« und »motiviert« nicht aussagekräftig.

Eindeutig formulieren

Fehler ❺: *Nicht- und Negativ-Formulierungen:* Formulierungen wie »ich werde nicht schnell ungeduldig und gebe nicht schnell auf« (Negativbeispiel 2) verwirren den Zuhörer. Er muss für sich übersetzen, was Sie eigentlich sagen wollen. Zuerst hört er nur die negativen Aussagen »bin ungeduldig« und »gebe schnell auf«, die er dann noch einmal für sich in positive Eigenschaften verwandeln müsste. Dies gelingt oft nicht. Um Ihnen diesen Fehler zu verdeutlichen, finden Sie im Folgenden dazu Beispiele und Übungen, damit Sie diesen Fehler in Ihren Vorstellungsgesprächen nicht mehr machen.

BEISPIEL

Nicht-Formulierungen und die daraus resultierenden Missverständnisse

Wenn eine Bewerberin im Vorstellungsgespräch die Nicht-Formulierung »Ich ziehe mich bei Konflikten nicht zurück« benutzt, muss eine Personalverantwortliche diese Aussage aus kommunikationspsychologischer Sicht in zwei Schritten nachvollziehen, um sie für sich verständlich zu machen.

Erstens: Die Bewerberin zieht sich bei Konflikten zurück.
Zweitens: Nein, das tut sie nicht.

Selbst wenn die Personalverantwortliche es schafft, den zweiten Verständnisschritt zu tun, wird die beabsichtigte positive Aussage der Bewerberin (»Ich bin in der Lage, mich Konflikten zu stellen und schwierige Situationen aufzulösen«), nicht deutlich. Es kann aber auch vorkommen, dass der zweite Schritt unter den Tisch fällt, dann steht ausschließlich die negative Selbstbeschreibung im Raum.

Hier noch ein Beispiel in Kurzform:

Ungeeignete Nicht-Formulierung eines Bewerbers: »Ich werde nicht schnell aufbrausend.« Die zwei Übersetzungsschritte des Personalverantwortlichen:

Erstens: Der Bewerber wird schnell aufbrausend.
Zweitens: Nein, das wird er nicht.

Beabsichtigte Aussage des Bewerbers: »Ich bleibe auch unter Druck gelassen.«

Vermeiden Sie es, sich selbst mit Aussagen zu beschreiben, die negativ verstanden werden können. Formulieren Sie eindeutig und positiv.

ÜBUNG

Überzeugend formulieren

Suchen Sie für die folgenden Nicht-Formulierungen Aussagen, die eindeutig und positiv sind.

»Ich drücke mich nicht vor komplizierten Aufgaben.«
Ihre positive Umformulierung: ....
....

»Große Arbeitsbelastungen sind kein Problem für mich.«
Ihre positive Umformulierung: ....
....

»Die Zusammenarbeit mit Kollegen stellt mich nicht vor schwerwiegende Probleme.«
Ihre positive Umformulierung: ....
....

»Mit meinen Vorgesetzten habe ich keinen Streit gehabt.«
Ihre positive Umformulierung: ....
....

»Unter Zeitdruck verliere ich nicht die Nerven.«
Ihre positive Umformulierung: ....
....

»Ich habe keine Schwierigkeiten damit, mich gegenüber Kunden richtig zu verhalten.«
....

Positiv formulieren

Für Bewerbung und Vorstellungsgespräch sollten Sie lernen, auf Nicht- und Negativ-Formulierungen zu verzichten. Beschreiben Sie sich lieber positiv und damit eindeutig. Unsere Bewerberin aus dem Negativbeispiel 2 sollte in ihrer Selbstpräsentation auf die Formulierung »Ich bin ein Mensch, der nicht ungeduldig wird und nicht so schnell aufgibt« verzichten und stattdessen passender formulieren: »Ich behalte bei der Lösung von anspruchsvollen technischen Aufgaben stets meine Gelassenheit und bin ausdauernd, wenn es darum geht, Ziele zu erreichen.«

Fehler ❻: *Übertrieben positive Selbstbewertung:* Seien Sie vorsichtig mit zu positiven Bewertungen. Wenn Sie Ihre fachlichen Kenntnisse und Ihre persönlichen Fähigkeiten zu sehr loben, provozieren Sie Ihre Zuhörer dazu, die Gegenposition einzunehmen. Dann wollen diese Ihnen nur noch zeigen, dass Sie sich irren.

Selbstbewertungen vermeiden

Formulierungen wie »Ich glaube, dass ich der Richtige für Sie bin« (Negativbeispiel 1) oder »Ich bin der Beste für diese Stelle!«, »Sie können aufhören zu suchen, nehmen Sie mich!« oder »Ich bin mir ganz sicher, dass ich für diese Position optimal geeignet bin!« dürfen deshalb in Ihrer Selbstpräsentation auf keinen Fall vorkommen. Personalverantwortliche, die derartige Selbstbewertungen hören, finden es überhaupt nicht witzig, dass man ihnen die Arbeit der Kandidatensuche abnehmen will. Sie fühlen sich durch jede übertrieben positive Selbstbewertung von Bewerbern herausgefordert, besonders gründlich nach den Einwänden zu suchen, die gegen den Bewerber sprechen.

Kenntnisse und Fähigkeiten darstellen

Fehler ❼: *Selbstanklage:* Niemand wird für eine Tätigkeit eingestellt, weil er etwas nicht oder besonders schlecht kann. Vor Gericht wie im Bewerbungsverfahren gilt: Es besteht keine Selbstanklagepflicht. Wer auf Probleme mit Vorgesetzten hinweist (Negativbeispiel 1) oder – leider – typisch weiblich darauf hinweist, dass sie nicht weiß, ob sie den Anforderungen der neuen Position gerecht wird (Negativbeispiel 2), macht es sich unnötig schwer. Die Kunst der Selbstdarstellung besteht nicht darin, aufzuzählen, welche Schwächen man bei sich selbst sieht, sondern darin, zu zeigen, was man für die neue Stelle an Kenntnissen und Fähigkeiten mitbringt.

Mit den typischen Fehlern bei der Werbung in eigener Sache haben wir Sie vertraut gemacht, jetzt zeigen wir Ihnen, mit welchen Überzeugungstechniken Sie es besser machen.

Überzeugungsregeln für Ihre Selbstpräsentation

Zur Erinnerung: »Begründen Sie bitte in drei Minuten, warum Sie in unserer Firma als XYZ arbeiten wollen!«, so lautet die Fragestellung, die Sie als Bewerber im Vorstellungsgespräch überzeugend beantworten können müssen. Unsere zwei folgenden Positivbeispiele für die Beantwortung dieser Frage beziehen sich genauso wie die vorherigen Negativbeispiele auf die bereits vorgestellten Stellenausschreibungen für die Positionen Vertriebsassistent/in und Servicetechniker/in.

BEISPIEL

Gelungene Selbstpräsentationen

Die beiden überzeugenden Selbstpräsentationen, die wir Ihnen jetzt vorstellen, erarbeiteten sich unsere Workshop-Teilnehmer nach einer Analyse ihres bisherigen Werdeganges und unter Berücksichtigung unserer Überzeugungsregeln. Die Zahlen, die wir vergeben haben, weisen auf die eingesetzte Überzeugungstechnik hin. Die Erläuterungen dazu finden Sie im Anschluss an die beiden Positivbeispiele.

Selbstpräsentation 1

»Ich bringe mehrjährige Berufserfahrung in den Bereichen Verkauf und Kundenservice mit . ❶, ❻ Die kundengerechte Bedarfs- und Problemanalyse ist mir aus der Großkundenbetreuung bekannt. ❶, ❻ Projekt- und Teamerfahrung sammelte ich bei der Umstrukturierung des Kundenservice. ❹

Vor drei Jahren stieg ich als Einzelhandelskaufmann in die Firma Media World GmbH ein. Nach ersten Tätigkeiten im Verkauf übernahm ich die Neustrukturierung unseres Kundendienstes. ❹ Unser Projektteam gliederte Reparaturleistungen aus und installierte eine Service-Hotline. ❺, ❻ Das Vorstellen dieses neuen Konzeptes gegenüber Geschäftsleitung und Mitarbeitern war ebenso meine Aufgabe wie die Erstellung von Werbe- und Informationsmaterial in Zusammenarbeit mit einer Werbeagentur. ❸, ❺

Neben meiner Arbeit belegte ich Weiterbildungskurse im Bereich Projektmanagement. ❷, ❹

Während meiner Ausbildung bei der Firma Antennensysteme GmbH & Co. KG konnte ich durch meine Mitarbeit bei Großkundenaufträgen auch die besonderen Gegebenheiten von

Radio- und Fernsehsendern kennen lernen. Auch an Wochenenden arbeitete ich im 24-Stunden-Kundensupport. ❷, ❹, ❻

Neben meinen Erfahrungen in der Kundenbetreuung bringe ich für die ausgeschriebene Stelle ebenfalls gute Kenntnisse in Bürosoftware (MS Office) und auch die notwendige Abschlusssicherheit für Verkaufsgespräche mit.« ❶, ❸

Selbstpräsentation 2

»Ich verfüge über Berufserfahrung in der Inbetriebnahme, der Wartung und der Instandsetzung. ❶ Im Werkzeugmaschinenbau habe ich bereits bundesweit Serviceaufträge ausgeführt. ❶

Momentan bin ich für die Firma Fräsmaschinen KG tätig. Dort betreue ich die Aufträge von der Abstimmung mit dem Kunden über die Konstruktion bis hin zur Inbetriebnahme. ❸, ❺

Vor meiner Fortbildung zur Technikerin habe ich als Energieanlagenelektronikerin im Sondermaschinenbau gearbeitet. ❷ Für die Firma Müller & Sohn Maschinenbau GmbH übernahm ich die Installation und Inbetriebnahme von Sondermaschinen. ❺, ❻

Bei meinem jetzigen Arbeitgeber stieg ich im Kundenservice ein, wo ich Umbauten und Erweiterungen von Werkzeugmaschinen plante, ausführte und die Kunden vor Ort beriet. ❹, ❻ Danach übernahm ich meine jetzige Position als bundesweit eingesetzte Servicetechnikerin. ❹

Gute E-CAD, SPS- und CNC-Kenntnisse sind für mich ebenso selbstverständlich wie fundierte Kenntnisse in den Bereichen Mechanik, Elektronik und Hydraulik. ❻ Ich spreche gut Englisch und würde mich freuen, wenn ich meine beruflichen Erfahrungen für Sie einsetzen könnte.«

Unsere Positivbeispiele haben sicherlich auch bei Ihnen eine ganz andere Wirkung hinterlassen als die vorangegangenen Negativbeispiele. Damit auch Sie sich eine überzeugende Selbstpräsentation für die Bewerbung auf Ihren neuen Arbeitsplatz erarbeiten können, stellen wir Ihnen jetzt die Überzeugungsregeln vor, mit denen Sie Ihr Ziel erreichen:

So überzeugen Sie

Regel ❶: Fachliche Anforderungen erkennen
Regel ❷: Aktivität zeigen
Regel ❸: Individuelles Profil darstellen
Regel ❹: Beispiele für persönliche Fähigkeiten geben
Regel ❺: Beschreiben statt bewerten
Regel ❻: Der Joker: Schlüsselbegriffe aus dem Tagesgeschäft benutzen

Regel ❶: *Fachliche Anforderungen erkennen:* Die beiden Bewerber aus den Positivbeispielen zeigen, dass sie sich mit den fachlichen Anforderungen, die an sie gestellt werden, auseinandergesetzt haben.

Angaben präzisieren

Der Bewerber für die Position als Vertriebsassistent aus dem Positivbeispiel 1 verweist auf seine Kenntnisse im Bereich Verkauf und Kundenservice und ergänzt diese Angaben durch den Hinweis auf seine Erfahrung in der Betreuung von Großkunden. Abgerundet wird der gute Eindruck von diesem Bewerber durch seine Kenntnisse im Umgang mit der verlangten Bürosoftware.

Die Bewerberin aus dem Positivbeispiel 2 zeigt, dass sie weiß, welche Anforderungen für die erfolgreiche Ausübung der Tätigkeit als Servicetechnikerin beim neuen Arbeitgeber nötig sind. Die schlagwortartige Beschreibung ihrer Kenntnisse – Inbetriebnahme, Wartung und Instandsetzung von Sondermaschinen – erzielt erste Pluspunkte, die diese Bewerberin als überdurchschnittlich interessant erscheinen lassen.

Regel ❷: *Aktivität zeigen:* Bewerber zeigen Aktivität, wenn sie Zeit und Anstrengung über das übliche Maß hinaus aufwenden, um sich für neue Aufgaben zu qualifizieren.

Der Bewerber aus dem Positivbeispiel 1 verweist auf seine Weiterbildungskurse im Projektmanagement. Aktivität in Form von besonderer Leistungsbereitschaft lässt dieser Bewerber zusätzlich dadurch erkennen, dass er auf seine Wochenendarbeit im 24-Stunden-Kundensupport hinweist. Die Bewerberin aus dem Positivbeispiel 2 nennt ihre Fortbildung zur Technikerin. Sie macht damit deutlich, dass sie in ihrer beruflichen Entwicklung nicht stagniert und weiter vorankommen will.

Regel ❸: *Individuelles Profil darstellen:* Von Profillosigkeit sprechen Personalverantwortliche immer dann, wenn es Bewerbern nicht gelingt, aus der Masse der Bewerber positiv herauszutreten. Aus unserer Erfahrung im Training und in der Beratung von Bewerbern wissen wir, dass dies meist ein Problem der Darstellung der eigenen Kenntnisse und Fähigkeiten ist. Fast jede Bewerberin und jeder Bewerber hat etwas Besonderes zu bieten, das sie beziehungsweise ihn von den anderen unterscheidet.

Das Profil schärfen

So stellt der Bewerber aus dem Positivbeispiel 1 heraus, dass er den Kundendienst bei seinem derzeitigen Arbeitgeber neu strukturiert hat und dass er über Abschlusssicherheit in Kundengesprächen verfügt. Die Bewerberin aus dem Beispiel 2 erwähnt, dass sie Aufträge von der Abstimmung mit dem Kunden über die Konstruktion bis hin zur Inbetriebnahme betreut hat. Damit stellt sie klar, dass Technik für sie nicht Selbstzweck, sondern Mittel zur Erfüllung von Kundenwünschen ist.

Regel ❹: *Beispiele für persönliche Fähigkeiten geben:* Unser Bewerber für die Position als Vertriebsassistent zeigt, dass er über die persönlichen Fähigkeiten »Leistungs- und Lernbereitschaft« verfügt, indem er erklärt, dass er Weiterbildungskurse im Projektmanagement belegt hat und an Wochenenden für den 24-Stunden-Kundensupport zuständig war. Seine »Projekt- und Teamfähigkeit« wird erkennbar durch die betriebsinterne Umstrukturierung des Kundenservice.

Beispiele statt Leerfloskeln

Unsere Bewerberin als Servicetechnikerin gibt Beispiele für ihre persönlichen Fähigkeiten »Kundenorientierung« und »selbstständiges Arbeiten« durch ihre »Beratung vor Ort« und die Planung und Ausführung von Umbau- beziehungsweise Erweiterungsmaßnahmen bei Werkzeugmaschinen. Ihre »Belastungsfähigkeit« wird an ihren bundesweiten Serviceeinsätzen sichtbar.

Beide Bewerber vermeiden durch die Verwendung konkreter Beispiele den Fehler, Leerfloskeln aufzuzählen, unter denen sich der Zuhörer alles und nichts vorstellen kann.

Regel ❺: *Beschreiben statt bewerten:* Die Fehler »kontraproduktive Ehrlichkeit« und »Selbstanklage« bei der Darstellung Ihrer Kenntnisse und Fähigkeiten können Sie durch die Verwendung der Überzeugungsregel »Beschreiben statt bewerten« vermeiden. Diese Überzeugungsregel hat außergewöhnlich große Wirkung, wenn sie richtig eingesetzt wird.

Mit ehrlichen Aussagen wie »Mein Vorgesetzter hat bei wichtigen Entscheidungen nie hinter mir gestanden«, »In meiner Abteilung wurde die meiste Zeit an der Kaffeemaschine verbracht« oder »In unserer Firma gehörte Mobbing zum Arbeitsalltag« kommen Sie bei der Erarbeitung Ihrer Selbstpräsentation und damit auf dem Weg zum neuen Arbeitsplatz nicht weiter.

Mit sachlichen Formulierungen überzeugen

Der Trick, der Sie überzeugend macht, lautet: beschreiben statt bewerten. Neutrale Beschreibungen haben Sie in den Positivbeispielen gelesen. Im Positivbeispiel 1 heißt es: »Unser Projektteam gliederte Reparaturleistungen aus und installierte eine Service-Hotline« und »Das Vorstellen dieses neuen Konzeptes gegenüber Geschäftsleitung und Mitarbeitern war meine Aufgabe«. Die Bewerberin aus dem Positivbeispiel 2 formuliert ebenfalls ohne Bewertungen: »Ich betreue Aufträge von der Abstimmung mit dem Kunden über die Konstruktion bis hin zur Inbetriebnahme« und »... übernahm ich die Installation und Inbetriebnahme von Sondermaschinen«.

Mit solchen sachlichen Formulierungen heben Sie sich von Dauerkritikern und Miesmachern wohltuend ab, denn jede geäußerte Kritik würde immer erst auf Sie zurückfallen und nicht auf die Firma, bei der Sie beschäftigt sind. Üben Sie deshalb, Ihre Erlebnisse und Erfahrungen aus Ihrem Berufsalltag wertfrei zu beschreiben.

ÜBUNG

Beschreiben statt bewerten

Analysieren Sie Ihre aktuelle Stellenbeschreibung, vorhergehende Arbeitsstellen und Ihre Arbeitszeugnisse daraufhin, welche Tätigkeiten Sie schon ausgeübt haben. Gehen Sie in Gedanken auch zeitlich zurück und überlegen Sie gründlich, ob Sie vielleicht vor ein oder zwei Jahren beim gleichen Arbeitgeber noch für weitere Tätigkeiten zuständig waren, beispielsweise weil Sie Kollegen vertreten, Sonderaufgaben bewältigt oder in Projektgruppen mitgearbeitet haben.

Üben Sie dann, die für die neue Position passenden Tätigkeiten schlagwortartig und ohne Eigenbewertung aufzuzählen. Verwenden Sie dabei Formulierungen wie:

→ »Ich habe .... gemacht.«
→ »Ich habe .... organisiert.«
→ »Ich war verantwortlich für ....«
→ »Ich habe die Aufgaben eines .... wahrgenommen.«
→ »Ich habe an .... teilgenommen.«
→ »Die Beschäftigung mit .... und .... ermöglichte es mir, auch umfassendere Aufgaben im Bereich .... zu übernehmen.«
→ »Ich habe am Projekt .... mitgearbeitet.«
→ »Ich habe die Bereiche .... und .... kennengelernt.«
→ »In meiner Tätigkeit als....................... habe ich bearbeitet.«
→ »Ich verfüge über Kenntnisse in .... und ....«
→ »Ich war für .... und .... zuständig.«
→ »Ich habe als .... gearbeitet und die Aufgaben .... und .... übernommen.«

Vermeiden Sie Wertungen

Gewöhnen Sie sich daran, sowohl in Ihre Selbstpräsentation, als auch in Ihre Antworten auf sich anschließende Fragen, beschreibende Formulierungen einfließen zu lassen. Wenn es um Ihre speziellen Erfahrungen oder Kenntnisse, um Arbeitsabläufe, um Sonderaufgaben oder den Umgang mit Vorgesetzten, Kollegen oder Kunden geht, sollten Sie auf eine eigene Bewertung verzichten. Denn jede Form der Bewertung der eigenen Leistung kann die Entscheider auf der Firmenseite erst einmal zum Widerspruch herausfordern. Mit beschreibenden Formulierungen dagegen vermeiden Sie, dass eine unproduktive Kampfstimmung zwischen Personalverantwortlichen, Fachvorgesetzten und Mitgliedern der Geschäftsführung auf der einen Seite und Ihnen auf der anderen Seite entsteht. Die Aufgabe, Ihren täglichen Arbeitseinsatz und Ihre Erfahrungen zu beurteilen und zu entscheiden, ob Sie für die ausgeschriebene Stelle geeignet sind, lassen sich die Firmenvertreter nicht abnehmen. Wenn Sie sich jedoch eine aussagekräftige Darstellung Ihres beruflichen Profils mit beschreibenden Formulierungen erarbeitet haben, haben Sie die taktisch entscheidende Weichenstellung dafür vorgenommen, dass Ihre Beschreibungen und Erläuterungen von Ihren Gesprächspartnern fast automatisch wohlwollend und positiv bewertet werden.

Regel ❻: *Der Joker: Schlüsselbegriffe aus dem Tagesgeschäft benutzen:* Personalverantwortliche bevorzugen Bewerber, die von ihrem momentanen Arbeitsplatz her über die Kenntnisse verfügen, die auch in der zu vergebenden Stelle verlangt werden. Bewerber, die hier punkten wollen, müssen »Schlüsselbegriffe aus dem Tagesgeschäft« benutzen. Es geht darum, die branchenspezifischen Schlagworte zu finden und herauszustellen, die Ihre beruflichen Aufgaben kennzeichnen. Der Bewerber aus dem Positivbeispiel 1 benutzt beispielsweise die Schlagworte »Verkauf«, »Kundenservice«, »Bedarfs- und Problemanalyse«, »Projektteam« und »Kundensupport«. Die Bewerberin aus dem Positivbeispiel 2 greift auf die Worte »Installation«, »Inbetriebnahme«, »Kundenservice« und »E-CAD, SPS- und CNC-Kenntnisse« zurück.

Vorteile sichern durch Schlüsselbegriffe

Wir alle reagieren auf bestimmte Schlüsselbegriffe und Schlagworte. Um nicht an Informationen zu ersticken, brauchen wir Strukturen, die uns dabei helfen, die Informationen einzuordnen. So geht es auch Personalverantwortlichen bei der Suche nach der richtigen Bewerberin beziehungsweise dem richtigen Bewerber. Falsche Stellenbesetzungen sind teuer und werden später meistens den Personalabteilungen angelastet. Um Problemen vorzubeugen, achten die Personalverantwortlichen immer sorgfältiger darauf, dass sie Bewerber einstellen, die verdeutlichen, dass sie die Anforderungen des neuen Arbeitsplatzes erfüllen, weil die neue Tätigkeit »nur« eine Fortsetzung der alten ist. Deshalb sind Schlüsselbegriffe aus dem Tagesgeschäft bei der Ausgestaltung der Selbstpräsentation der Joker, mit dem sich Bewerber Vorteile gegenüber Mitbewerbern sichern können.

Sie finden die für Ihr Berufsfeld wichtigen Schlüsselbegriffe und Schlagworte sehr schnell in aktuellen Stellenanzeigen in Jobbörsen im Internet oder auf den Firmenhomepages. Unser Beispiel zeigt Ihnen, auf was für eine Vielzahl von Schlagworten berufserfahrene Bewerber bei der Selbstpräsentation zugreifen können.

BEISPIEL

Schlüsselbegriffe für Einkäufer

Ein Bewerber mit drei Jahren Berufserfahrung möchte künftig als Einkäufer für einen Konsumgüterhersteller arbeiten. In Stellenanzeigen findet er für die Darstellung seines Erfahrungsschatzes diese Schlüsselbegriffe und Schlagworte:

- **Angebotseinholung**
- **Angebotsverfolgung**
- **Preisverhandlungen**
- **Vertragsverhandlungen**
- **Preisüberwachung**
- **Einzelverträge**
- **Rahmenverträge**
- **Materialversorgung**
- **Materialfluss**
- **Steuerung der Einkaufsprozesse**
- **Standardisierung der Einkaufsprozesse**
- **Lieferantenauswahl**
- **Lieferantenpflege**
- **Lieferantenqualifizierung**
- **Lieferantenbenchmark**
- **Risikominimierung**
- **Servicestrategie**
- **Optimierung der Einkaufsmengen**
- **Materialdisposition**
- **Steuerung der Supply Chain**
- **Ausarbeitung von Planungskonzepten**
- **Mitarbeit an Machbarkeitsanalysen**

→ FORTSETZUNG AUF DER NÄCHSTEN SEITE

- **Umsetzung von Prozessdesigns**
- **Materialien für die Eigenfertigung**
- **Qualitätsmonitoring**
- **Qualitätssicherung**
- **Qualitätsverbesserung**
- **Qualitätsaudits**
- **Einsparpotentiale**
- **Kontrolle von Kosten- und Terminvorgaben**

Der Bewerber aus dem Beispiel hat 30 Begriffe gefunden, mit denen er sich positiv in Szene setzen kann. Nun geht es darum, ausgewählte Schlüsselbegriffe und Schlagworte in einer Selbstpräsentation gezielt einzusetzen. Denn die stichwortartige Beschreibung von beruflichen Erfahrungen vermittelt Firmenvertretern in Vorstellungsgespräche innerhalb kürzester Zeit wichtige Informationen über das individuelle Bewerberprofil. Der Bewerber könnte sich so beschreiben:

- **»Als Einkäufer sind mir die Angebotseinholung und -verfolgung genauso vertraut wie Preisverhandlungen. Darüber hinaus habe ich nicht nur Einzelverträge, sondern häufig auch langfristige Rahmenverträge abgeschlossen, was immer dann sinnvoll war, wenn die Preise sich auf einem niedrigeren Niveau bewegt haben.«**
- **»Bei der Lieferantenauswahl ging es darum, Kontakte zu bestehenden Lieferanten zu pflegen, neue Lieferanten zu qualifizieren und immer wieder Benchmarks der Lieferanten durchzuführen, und zwar hinsichtlich der Aspekte Kosten, Termintreue und Qualität.«**
- **»Um für dauerhafte Qualitäten zu sorgen, habe ich auch Qualitätsmonitorings ausgewertet und an Qualitätsaudits teilgenommen. So konnte ich für eine gleichbleibende Qualitätssicherung sorgen und immer wieder auch Qualitätsverbesserungen erzielen.«**

Auch diese für Vorstellungsgespräche sehr nützliche Überzeugungsregel sollten Sie nicht nur kennen, sondern jetzt gleich selber ausprobieren. Dabei hilft Ihnen die folgende Übung.

ÜBUNG

Viel Input in kurzer Zeit: Schlüsselbegriffe und Schlagworte einsetzen

Suchen Sie die für Ihr angestrebtes Tätigkeitsfeld geeigneten Schlüsselbegriffe und Schlagworte heraus. Beschränken Sie sich dabei nicht. Schreiben Sie alle Begriffe auf, die zukünftige Aufgaben charakterisieren. Ihre Schlüsselbegriffe und Schlagworte:

1. ....
2. ....
3. ....
4. ....
5. ....
6. ....
7. ....
8. ....
9. ....
10. ....
11. ....
12. ....
13. ....
14. ....
15. ....
16. ....
17. ....
18. ....
19. ....
20. ....
21 ....
22. ....
23. ....
24. ....

→ FORTSETZUNG AUF DER NÄCHSTEN SEITE

25. ....
26. ....
27. ....
28. ....
29. ....
30. ....

Wählen Sie die Schlüsselbegriffe und Schlagworte aus, für die Sie Belege aus Ihren bisherigen Praxiserfahrungen liefern können. Formulieren Sie nun drei Sätze mit jeweils zwei bis drei Schlagworten. So erarbeiten Sie sich die Fähigkeit, mit großer Informationsdichte zu kommunizieren.

1. »Zu meinen Aufgaben gehörte (Schlagwort), (Schlagwort) und (Schlagwort).«
2. »Ich war verantwortlich für (Schlagwort), (Schlagwort) und (Schlagwort).«
3. »Ich habe bei (Schlagwort), (Schlagwort) und (Schlagwort) mitgearbeitet.«

Unsere Negativ- und Positivbeispiele haben Ihnen einen umfassenden Eindruck davon vermittelt, welche Fehler Bewerber mit ihrer Selbstpräsentation in der entscheidenden Anfangsphase von Vorstellungsgesprächen machen können, und wie es besser geht. Erarbeiten Sie sich nun Ihre Selbstpräsentation und optimieren Sie sie mithilfe der vorgestellten Überzeugungsregeln Schritt für Schritt. Damit Ihnen dies leichter gelingt, können Sie an dieser Stelle auch erst zum anschließenden Kapitel »Stress im Griff: Ihre Selbstpräsentation als Mind-Map« wechseln. Nach der Visualisierung Ihres Könnens und Ihrer Stärken in Form eines Mind-Maps können Sie dann mit dem nächsten Abschnitt weiter trainieren, um sich daran zu gewöhnen die Selbstpräsentation Ihrer Einstellungsargumente als geeignete Antwort auf zunächst ganz unterschiedlich klingende Fragen einzusetzen.

ÜBUNG

Selbstpräsentation optimieren

Überprüfen Sie, ob die von Ihnen entwickelte Selbstpräsentation Fehler enthält und ob Sie die von uns vorgestellten Überzeugungsregeln ausreichend berücksichtigt haben.

Nehmen Sie sich bei Ihrer Selbstpräsentation mit einer Videokamera auf. Werten Sie Ihre Selbstpräsentation kritisch aus. Überlegen Sie, an welchen Stellen Sie neu formulieren müssen. Stellen Sie fest, welchen Informationen Sie mehr Platz geben müssen und welche Aussagen Sie knapper gestalten sollten.

Sicher in jeder Situation

Wenn Sie sich mithilfe unserer Überzeugungsregeln eine fehlerlose Selbstpräsentation erarbeitet haben, sollten Sie als Nächstes zwei unterschiedlich lange Versionen Ihrer Selbstpräsentationen vorbereiten:

→ **Version eins hat eine Dauer von etwa drei Minuten.**
→ **Version zwei sollte eine Minute lang sein.**

Mit diesen unterschiedlich langen Selbstpräsentationen können Sie im Vorstellungsgespräch flexibel reagieren. Die dreiminütige Version setzen Sie ein, wenn Sie gebeten werden, sich vorzustellen. Die einminütige Version dient dazu, neu zum Gespräch hinzugekommene Personen kurz über Ihre Qualifikationen zu informieren.

Üben sie Ihre Selbstpräsentation

Damit Sie mit Ihrer Selbstpräsentation bei Vorstellungsgesprächen überzeugen, sollten Sie sie so lange üben und wiederholen, bis sie Ihnen in Fleisch und Blut übergegangen ist. Mögliche Fragen, auf die Sie mit Ihrer Selbstpräsentation anworten können, haben wir in der folgenden Übung für Sie zusammengestellt. Am besten lassen Sie sich die Fragen von einem Freund oder Bekannten stellen, dann gewöhnen Sie sich rechtzeitig an den gezielten Einsatz der Selbstpräsentation in einer Gesprächssituation.

ÜBUNG

Selbstpräsentation einsetzen

In dieser Übung werden Sie lernen, die von Ihnen ausgearbeitete Selbstpräsentation im Gespräch einfließen zu lassen. Dabei sollten Sie darauf achten, zunächst die Fragestellung als Aussage zu wiederholen und dann ausgewählte Teile aus der Selbstpräsentation anzuschließen. Beispiel:

Frage: »Was reizt Sie an der ausgeschriebenen Position?«
Antwort: »Mich reizt an der ausgeschriebenen Position, dass ich meine berufliche Erfahrung als ....
einsetzen kann. Momentan bearbeite ich die Aufgaben
....
und ....
Besondere Kenntnisse in ....
habe ich mir parallel zu meiner Berufstätigkeit in Weiterbildungsmaßnahmen angeeignet. Jetzt möchte ich meine vielfältigen Erfahrungen gerne für Sie als XY einsetzen.«

»Warum interessieren Sie sich für unsere Firma?«
Ihre Antwort: ....
....
....

»Was macht Sie für die Position geeignet?«
Ihre Antwort: ....
....
....

»Erzählen Sie uns doch bitte ein wenig über sich!«
Ihre Antwort: ....
....
....

»Ich bin mir nicht sicher, ob Sie der geeignete Kandidat für unsere Firma sind, überzeugen Sie mich!«
Ihre Antwort: ....
....
....

»Warum sollten wir gerade Ihnen diese Stelle geben?«
Ihre Antwort: ....

....

....

.»Was unterscheidet Sie von den anderen Bewerbern, die sich für diese Position interessieren?«
Ihre Antwort: ....

....

....

Wenn Sie einmal »live« erleben möchten, wie eine gelungene Selbstpräsentation klingt und wie sich Bewerber ihre Chancen mit einer misslungenen verbauen, sollten Sie unsere Homepage www.karriereakademie.de besuchen und sich dort Teil 3 unserer 15-teiligen Videoserie »Das Vorstellungsgespräch« anschauen, die wir für *Focus Online* konzipiert haben.

Ihre Einstellungsargumente in Form einer Selbstpräsentation

AUF EINEN BLICK

→ Ihre Selbstpräsentation ist die Antwort auf die Frage: »Warum sollten wir gerade Sie einstellen?«

→ Mit einer gut ausgearbeiteten Selbstpräsentation verfügen Sie außerdem über eine gute Grundlage zur
  - Beantwortung von Fragen zu Ihren fachlichen Kenntnissen und persönlichen Fähigkeiten,
  - souveränen Reaktion auf Stressfragen.

→ Die Anforderungen an Bewerber lassen sich in zwei Gruppen unterscheiden: in fachliche Kenntnisse und in persönliche Fähigkeiten.

→ FORTSETZUNG AUF DER NÄCHSTEN SEITE

→ Die fachlichen Kenntnisse sind die klassischen Anforderungen, die sich in drei Wissensbereiche einteilen lassen:
   - Berufskenntnisse
   - Fremdsprachenkenntnisse
   - Computerkenntnisse

→ Die persönlichen Fähigkeiten lassen sich in fünf wesentliche Aspekte unterteilen:
   - Kundenorientierung
   - Teamarbeit und Projektarbeit
   - selbstständiges Arbeiten
   - Belastungs- und Kritikfähigkeit
   - Lernbereitschaft

→ Welche fachlichen Kenntnisse und welche persönlichen Fähigkeiten gefragt sind, hängt von dem angestrebten Tätigkeitsfeld ab.

→ Ein Perspektivenwechsel lohnt sich. Die Erwartungen der Unternehmen sind die Prüfkriterien in Vorstellungsgesprächen. Finden Sie heraus, auf welche fachlichen Kenntnisse und persönlichen Fähigkeiten das Unternehmen besonderen Wert legt.

→ Als Bewerber müssen Sie im Vorstellungsgespräch herausstellen, dass Sie die Anforderungen des Unternehmens an die fachlichen Kenntnisse und die persönlichen Fähigkeiten erfüllen.

→ Bauen Sie Ihre Selbstpräsentation so auf, dass der Bezug zur neuen Position deutlich wird. Nutzen Sie dabei das folgende Schema:
   1. Stellen Sie die Aufgaben, die Sie in Ihrer momentanen Position bearbeiten, an den Anfang.
   2. Heben Sie die Tätigkeiten deutlich hervor, die sich mit den Aufgaben in der neuen Stelle überschneiden.
   3. Erläutern Sie kurz Ihre berufliche Entwicklung.
   4. Äußern Sie am Ende Ihren Einstellungswunsch.

→ Aus der Sicht der Personalabteilungen begehen Bewerber bei der Selbstpräsentation diese Fehler:
  - fachliche Anforderungen werden nicht erkannt und nicht belegt
  - Profillosigkeit
  - kontraproduktive Ehrlichkeit
  - Leerfloskeln für persönliche Fähigkeiten
  - Nicht- und Negativ-Formulierungen
  - übertrieben positive Selbstbewertung
  - Selbstanklage

→ Orientieren Sie sich bei der Ausarbeitung einer gelungenen Selbstpräsentationen an den folgenden Überzeugungsregeln:
  - fachliche Anforderungen erkennen
  - Aktivität zeigen
  - individuelles Profil darstellen
  - Beispiele für persönliche Fähigkeiten geben
  - beschreiben statt bewerten
  - der Joker: Schlüsselbegriffe aus dem Tagesgeschäft benutzen

→ Stellen Sie Ihre beruflichen Qualifikationen anhand von konkreten Beispielen dar.

→ Verzichten Sie auf Eigenbewertungen. So vermeiden Sie es, zu zurückhaltend oder überheblich zu wirken.

→ Schlüsselbegriffe und Schlagworte helfen Ihnen dabei, mit einer großen Informationsdichte zu argumentieren.

→ Erarbeiten Sie sich zwei unterschiedliche lange Versionen Ihrer Selbstpräsentation. Dies hilft Ihnen dabei, Ihre Selbstpräsentation im Vorstellungsgespräch flexibel einzusetzen.

3. Stress im Griff: Ihre Selbstpräsentation als Mind-Map

Die Erarbeitung eines individuellen beruflichen Profils ist unverzichtbar, um im Vorstellungsgespräch im richtigen Augenblick die richtigen Argumente bringen zu können. Dieses Profil muss den Entscheidern auf der Firmenseite aber auch vermittelt werden. Was können Sie tun, um in der stressigen Situation eines Vorstellungsgespräches freier zu formulieren? Wie strukturieren Sie Ihre Argumente? Und wie stärken Sie zugleich auch noch Ihr Selbstbewusstsein? Machen Sie es wie die Kunden in unserer Beratungspraxis: Erarbeiten Sie ein Mind-Map Ihrer Selbstpräsentation.

Völlig stressfrei geht wohl kein Jobinterview über die Bühne. Stress wird in Vorstellungsgesprächen zum einen dadurch ausgelöst, dass man nicht genau einschätzen kann, wie der oder die Personalexperten reagieren, zum anderen aber auch dadurch, dass man sich oft nicht sicher ist, wie man seine Stärken gut vermitteln kann. Die Angst, dann mitten im Vorstellungsgespräch stecken zu bleiben, also Fragen viel zu knapp oder gar nicht mehr zu beantworten, lähmt viele Bewerberinnen und Bewerber. Aber es gibt Hilfe: Wir werden Ihnen zeigen, wie Sie auch in der Stresssituation Vorstellungsgespräch Ihre fachlichen und persönlichen Stärken mithilfe eines Mind-Maps immer vor Augen haben.

Die Angst vor dem Blackout

Auch bei sonst selbstbewussten Gesprächsteilnehmern löst der Gedanke an ein Vorstellungsgespräch meist Stress aus. Hier werden Urängste mobilisiert, schließlich muss man mit einer unbekannten Situation fertig werden und weiß nicht, wie die vermeintliche Gegenseite reagieren wird.

Das Großhirn, das unser rationales Bewusstsein steuert, ist viel jüngeren Datums und kann vom älteren Stammhirn – dem sogenannten Reptiliengehirn – in Ausnahmesituationen überstimmt werden. Rationales und analytisches Denken und damit auch die Fähigkeit frei zu sprechen, werden dann in den Hintergrund gedrängt. Stattdessen treten instinktiv Flucht- und Angriffsverhalten in den Vordergrund.

In diese Instinktfalle können auch neuzeitliche Menschen in der Sondersituation Vorstellungsgespräch geraten. Gefangen in der Stresssituation, die oft noch mit körperlichen Verspannungen einhergehen, klemmt das ältere Stammhirn die für Sprachverarbeitung und rationales Denken zuständigen Gehirnbereiche einfach ab. Plötzlich sind Argumentationsketten durchschnitten und auch die naheliegendsten Wortbeiträge und die simpelsten Erklärungen kommen nicht mehr über die Lippen.

Stressabbau durch Mind-Map

Mit Bildern gegen den Blackout

In unseren Coachings beobachten wir immer wieder bei Kunden, die den Faden verloren haben und sich mitten in einem Blackout befinden, dass sie nach Bildern suchen, um die Orientierung zurückzugewinnen. Das liegt daran, dass unter Stress viel leichter auf bildhafte Elemente zugegriffen werden kann. Diese bildhaften Elemente lassen sich im Vorfeld eines Vorstellungsgesprächs in Form eines Mind-Maps visualisieren.

In unserer Beratungspraxis erarbeiten wir mit Kunden häufig ein Mind-Map ihrer fachlichen und persönlichen Stärken. Die gesamte berufliche Entwicklung lässt sich üblicherweise problemlos auf einem DIN A4-Blatt übersichtlich darstellen. Mind-Maps, die Haupt- und Unterstrukturen, kleine Zeichnungen und grafische Symbole enthalten, helfen definitiv dabei, Blackouts in Vorstellungsgesprächen zu vermeiden. Die darin enthaltenen visuellen Elemente sind ein hervorragender Informationsanker.

Beispiele für Mind-Maps

Nutzen auch Sie Visualisierungen in Form eines Mind-Maps, um in Vorstellungsgesprächen bei Blackouts richtig reagieren zu können. Wie sich unsere Tipps praktisch umsetzen lassen, zeigen wir Ihnen jetzt anhand zweier Selbstpräsentationen, für die wir Mind-Maps ausgearbeitet haben.

Die Selbstpräsentation einer kaufmännischen Angestellten – als Antwort auf die Frage »Warum sollten wir Sie einstellen?« – könnte wie folgt lauten.

BEISPIEL

Mind-Map 1

»Für die von Ihnen ausgeschriebene Tätigkeit bringe ich umfangreiche Berufserfahrung in der Entwicklung und Umsetzung von Marketingstrategien, der Kundenbetreuung und der Erstellung von Präsentationen mit. Zurzeit arbeite ich als Marketingreferentin. Ich bin für die Kundenstammanalyse, die Zielgruppendefinition und das Benchmarking zuständig. Als Mitarbeiterin im Projekt Verkaufsförderung entwickele ich zusammen mit anderen Unternehmensbereichen Verkaufsförderungsmaßnahmen und Marketingstrategien, die ich auch in der Umsetzung begleite.

Auch im Bereich Öffentlichkeitsarbeit kann ich auf vielfältige Erfahrungen zurückgreifen. Für eine Online-Bank habe ich als Bankkauffrau PR-Konzepte konzipiert und umgesetzt. Dazu gehörte der Aufbau von Kontakten zu Medienvertretern und die Pflege des Verteilers.

Die gängige Bürosoftware MS-Office beherrsche ich sicher, und ich spreche sehr gut Englisch.

Grundlage meiner beruflichen Entwicklung ist meine Ausbildung zur Bankkaufrau. Meine umfangreichen Erfahrungen aus den Bereichen Vertrieb und Marketing möchte ich gerne bei Ihnen als kaufmännische Angestellte einsetzen.«

Vor dem Vorstellungsgespräch hatte die Bewerberin dieses Mind-Map ausgearbeitet und auswendig gelernt.

Ein Logistikplaner könnte die Aufforderung »Erzählen Sie doch bitte ein wenig über sich, damit wir Sie besser kennen lernen!« als mündliche Selbstpräsentation so beantworten.

BEISPIEL

Mind-Map 2

»Momentan bin ich bei der CNX AG als Projektplaner tätig. In den vergangenen Jahren war ich für die Beschaffungslogistik und die Distributionslogistik verantwortlich. Aktuell bin ich mit der Programmplanung und Disposition betraut. Ein durchgängiges Merkmal meiner bisherigen beruflichen Tätigkeit ist die Realisierung bestandsminimierter Teileversorgung. In umfangreichen Projekten habe ich ausländische Produktionsstandorte in die Logistikkette eingebunden, Zulieferer

→ FORTSETZUNG AUF DER NÄCHSTEN SEITE

integriert und produktionssynchrone Versorgungsnetze eingerichtet.

Nach einem Studienabschluss als Diplom-Ingenieur (TU) bin ich direkt ins Automotive eingestiegen. Für die Ingolstadt AG habe ich in der Motorkonstruktion an der Optimierung der Abstimmung aller beteiligten Bereiche mitgearbeitet und anschließend die Logistik in der Motorenproduktion übernommen.

SAP-Erfahrung bringe ich ebenso mit wie sehr gute Kenntnisse in der branchenüblichen Transportmanagement-Software und den logistischen Systemmodulen. Aus meiner internationalen Projektarbeit bringe ich auch sichere Englischkenntnisse in Wort und Schrift mit.

Meine Erfahrungen im Logistikbereich würde ich gerne nutzen, um im Motorenwerk VII die reibungslose Produktion sicherzustellen.«

Ein Mind-Map seiner Selbstpräsentation hatte er vor dem Vorstellungsgespräch wie folgt ausgearbeitet.

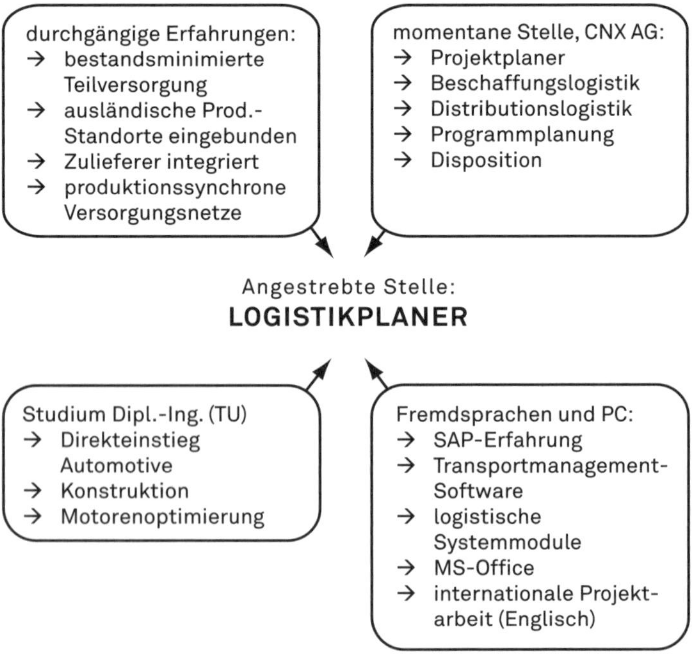

Mind-Map ausarbeiten

ÜBUNG

Vergegenwärtigen Sie sich bitte Ihre Selbstpräsentation und visualisieren Sie sie in Form eines Mind-Maps. Orientieren Sie sich dabei an den Beispielen oben. Achten Sie darauf, die beruflichen Stärken und Erfahrungen auszuwählen, die für die neue Firma von besonderem Interesse sein könnten.

Überlegen Sie sich für Ihr Mind-Map eine Grundstruktur, die aus vier bis sechs Oberpunkten bestehen sollte. Beispielsweise: 1. aktueller Arbeitgeber, 2. früherer Arbeitgeber, 3. Ausbildung, 4. Weiterbildung, 5. PC- und Fremdsprachenkenntnisse. Gestalten Sie Ihr Mind-Map farbig, arbeiten Sie auch mit grafischen Symbolen wie Pfeilen, Ausrufezeichen oder Smileys.

Nachdem Sie Ihr Mind-Map visualisiert haben, formulieren Sie bitte Ihre Selbstpräsentation mehrere Male mündlich anhand der vorgegebenen Stichworte. Sie werden feststellen, dass Sie die Visualisierung Ihrer individuellen Stärken schon nach kurzer Zeit gut verinnerlicht haben. Dieses neue Selbst-»Bewusstsein« wird Sie in Ihren Vorstellungsgesprächen deutlich unterstützen und Ihnen helfen, die richtigen und wichtigen Argumente auch im Gespräch zu bringen.

Arbeiten Sie jetzt Ihre Selbstpräsentation als Mind-Map aus! Sie können unsere Vorlage dafür benutzen.

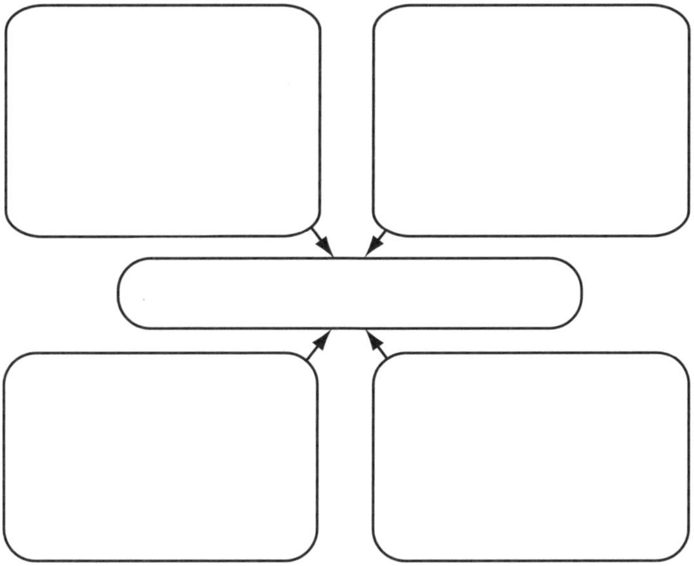

AUF EINEN BLICK

Ihre Selbstpräsentation als Mind-Map

→ Machen Sie es wie die Kunden in unserer Beratungspraxis: Erarbeiten Sie ein Mind-Map Ihrer Selbstpräsentation auf einer DIN A4-Seite.

→ Auch bei sonst selbstbewussten Menschen löst ein Vorstellungsgespräch meist Stressreaktionen aus, die bis zum gefürchteten Blackout führen können.

→ Unter Stress können Sie leichter auf bildhafte Elemente zugreifen. Diese bildhaften Elemente sollten Sie bereits im Vorfeld eines Vorstellungsgesprächs visualisieren.

→ Überlegen Sie sich für Ihr Mind-Map eine klare Struktur, die aus vier bis sechs Oberpunkten bestehen sollte. Beispielsweise:

1. aktueller Arbeitgeber,
2. früherer Arbeitgeber,
3. Ausbildung,
4. Weiterbildung,
5. PC- und Fremdsprachenkenntnisse.

→ Wählen Sie die beruflichen Stärken und Erfahrungen aus, die für die neue Stelle besonders wichtig sind.

→ Kleine Zeichnungen und grafische Symbole in Ihrem Mind-Map sind hervorragende Informationsanker.

→ Wenn Ihr Mind-Map fertig ist, tragen Sie Ihre Selbstpräsentation bitte mehrmals anhand der Stichpunkte vor, gerne auch vor dem Spiegel oder vor Freunden.

4. Gute Gründe für den Stellenwechsel

Eine Ihrer Hauptaufgaben im Vorstellungsgespräch ist es, den Stellenwechsel nachvollziehbar zu begründen. Warum verlassen Sie Ihre bisherige Firma? Sind Sie womöglich ein Unruhestifter in der Abteilung? Hat man Ihnen gekündigt, weil Sie nicht mehr genug leisten? Oder gab es Ärger mit dem Chef? Wenn Sie unnötige Spekulationen vermeiden wollen, müssen Sie sich gut vorbereiten. Wir zeigen Ihnen in diesem Kapitel, wie Sie Ihren Stellenwechsel plausibel machen.

Begründen Sie den Stellenwechsel

Nicht alle Bewerber suchen eine neue Stelle, weil der nächste Karriereschritt ansteht. Dies wissen auch Personalverantwortliche und werden daher hellhörig, wenn Bewerber den Wunsch nach einer neuen Stelle nicht plausibel begründen können. Aus unserer Beratungspraxis wissen wir, dass Bewerberinnen und Bewerbern diese Begründung im Vorstellungsgespräch eher schwer fällt. Bei unvorbereiteten Bewerbern entsteht ungewollt oft der Eindruck, dass sie im neuen Unternehmen nicht den neuen Wunscharbeitgeber sehen, sondern eher die Notlösung für Probleme am alten Arbeitsplatz. Für eine Einstellungsentscheidung ist das natürlich keine tragfähige Basis.

Weshalb wird tatsächlich gewechselt?

Es gibt die unterschiedlichsten Gründe, warum Menschen einen neuen Arbeitsplatz suchen:

- → **Eine Kollegin bekommt die intern ausgeschriebene Stelle, auf die man sich selbst beworben hat. Dies geschieht bereits zum zweiten, dritten, vierten Mal.**
- → **Mit dem neu eingestellten Vorgesetzten ist eine Zusammenarbeit unmöglich geworden.**
- → **Gehaltserhöhungen lassen sich nicht im angestrebten Maße durchsetzen.**

- → **Man hat dem Bewerber – zu seiner Gesichtswahrung – nahe gelegt, sich wegzubewerben, ansonsten würde in nächster Zeit die Kündigung erfolgen.**
- → **Die Firma ist übernommen worden und im Rahmen der Umstrukturierung »rollen Köpfe«.**
- → **Die ständige Belastung durch Überstunden ohne finanziellen oder zeitlichen Ausgleich ist von der Leistungsfähigkeit her mittelfristig nicht mehr zu bewältigen.**
- → **Interne Karrierekontakte (»Lobgemeinschaften«) sind aus den unterschiedlichsten Gründen auseinander gebrochen.**
- → **Der Vorgesetzte, der bisher unterstützt und gefördert hat, hat sich wegbeworben.**
- → **Der wirtschaftliche Zusammenbruch der Firma ist nur noch eine Frage der Zeit.**
- → **»Management-by-Mobbing« ist der bevorzugte Führungs- und Umgangsstil in der Abteilung.**

Erarbeiten Sie überzeugende Begründungen

Alle diese Begründungen sind eigentlich nachvollziehbar, werden von potenziellen neuen Arbeitgebern jedoch nicht gerne gehört. Wenn es Konflikte oder Streit mit Vorgesetzten oder Kollegen am momentanen Arbeitsplatz gegeben hat, steht immer die Frage im Raum, welchen Anteil der Bewerber daran hatte. Zu schnell entsteht dadurch der Verdacht, eine neue Stelle werde nur als »Lückenbüßer« betrachtet, um unangenehmen Stimmungen oder Situationen auszuweichen. Deutlich günstiger ist es, wenn Sie den anstehenden Stellenwechsel als geplanten und konsequenten Schritt in Ihrer beruflichen Entwicklung darstellen und ihn auf diese Weise nachvollziehbar machen. Keine Sorge: Mit gutem Argumentationstraining lassen sich bei allen Um- und Aufsteigern entsprechend glaubwürdige Begründungen erarbeiten.

Akzeptierte Wechselgründe

Der Stellenwechsel als konsequenter Karriereschritt

Als Grundregel gilt, dass innerhalb von zehn Berufsjahren zwei bis vier Stellenwechsel akzeptiert werden, wenn der Bewerber zielgerichtet gewechselt hat, um seine Fähigkeiten auszubauen und so seine berufliche Entwicklung voranzutreiben.

Wir benutzen diese drei Argumentationslinien, um einen Stellenwechsel in Vorstellungsgesprächen plausibel zu machen:

- → Argumentationslinie 1 »Erfahrungen ausbauen«: Bildlich gesprochen gehen Bewerberinnen oder Bewerber in ihrer beruflichen Entwicklung hier einen Schritt zur Seite. Sie berufen sich darauf, dass sie zwar schon über Fachwissen, Branchenwissen und Erfahrungen verfügen, aber nicht zum Stillstand kommen, sondern auch in den nächsten Jahren weiter dazulernen möchten. Diese Bewerbergruppe begründet den Wechselwunsch also idealerweise damit, dass sie ihr umfangreiches Wissen und ihre vielfältigen Erfahrungen zwar bereits in ihrem Wunscharbeitsfeld einsetzen, es aber nun in einer anderen Firma mit ähnlichen Produkten oder Dienstleistungen ausbauen und vertiefen möchten.
- → Argumentationslinie 2 »Branchenwechsel«: Oft soll nicht nur der Arbeitgeber, sondern gleich die Branche gewechselt werden, beispielsweise weil die Arbeitsbedingungen in der momentanen Branche durchgehend zu fordernd und belastend sind. Hier wirkt ein Wechselwunsch plausibel, wenn es nachvollziehbare Anhaltspunkte dafür gibt, in welcher Form der Bewerber mit der neuen Wunschbranche bereits in Kontakt gekommen ist, also die Gründe für seinen Branchenwechsel realistisch schildern kann. Hier hilft der Verweis auf intensive Gespräche mit Freunden oder Bekannten, die bereits in der Wunschbranche arbeiten, auf bestehende Kontakte am Arbeitsplatz zu Lieferanten oder Kunden oder auch auf den hervorragenden Ruf des neuen Arbeitgebers.
- → Argumentationslinie 3 »Karriereschritt«: Bewerberinnen und Bewerber, die aufsteigen möchten, haben es besonders leicht. Sie können sich darauf berufen, dass Sie nachvollziehbar gute Arbeit geleistet haben. Beispielsweise indem sie schildern, wie sie mit daran gearbeitet haben Umsatz- und Gewinnziele zu erreichen oder zu übertreffen, Reklamationsquoten zu senken oder Qualitätsvorgaben zu kontrollieren und einzuhalten. Wer einige Jahre gute Arbeit geleistet hat und nun mehr Verantwortung im Sinne von Projekt-, Gruppen- oder

Teamleitung übernehmen möchte, sollte diesen Wechselwunsch ruhig aussprechen. Sollte die Nachfrage kommen, warum der Karriereschritt nicht beim momentanen Arbeitgeber möglich ist, reicht es aus, kurz zu erklären, dass alle interessanten Stellen die nächsten Jahre besetzt sind.

BEISPIEL

Erfahrungen ausbauen

Eine Bewerberin, die einige Jahre als PC-Supporterin gearbeitet hat und nun den Arbeitgeber wechseln möchte, könnte ihren Stellenwechsel im Vorstellungsgespräch so begründen: »Ich bin in meiner jetzigen Firma bereits für die Betreuung der installierten Hardware verantwortlich. Außerdem führe ich Schulungen zur Microsoft-Produktpalette und zur Nutzung gemeinsamer Datenbestände im Netzwerk durch. Das Eingehen auf die Wünsche der Fachabteilungen in Sachen Schulung und Training ist also schon jetzt ein wesentlicher Teil meiner Arbeit, den ich gerne mache und den in der neuen Position vertiefen möchte. In Zahlen ausgedrückt habe ich bisher zwischen drei bis fünf mehrtägige Schulungen im Monat durchgeführt. Daher bin ich mir sicher, dass ich mit meinen Erfahrungen die von Ihnen gewünschten ca. zehn Schulungen im Monat, zusätzlich zu den üblichen Hardwareaufgaben, erfolgreich bewältigen werde.«

Branchenwechsel

Ein Bewerber, der als Werbeassistent aus der Grafikabteilung eines Einzelhandelskonzerns in die Grafikabteilung eines mittelständischen Anbieters von Werkzeugmaschinen wechseln möchte, könnte die Frage nach seinem Wechselwunsch taktisch so beantworten: »Mein Aufgabenbereich umfasst momentan die Planung und Realisierung von Direktmarketingprojekten. Daneben habe ich Katalogprojekte realisiert. Die Zusammenarbeit mit Druckereien und Lithoanstalten ist mir ebenfalls vertraut. Nach meiner Ausbildung zum Verlagskaufmann und der Fortbildung zum Werbeassistenten habe ich gezielt die Branche Richtung Einzelhandel gewechselt, um mich beruflich breit aufzustellen. Nun möchte ich wiederum einen Wechsel vollziehen. In meinem Bekanntenkreis habe ich nämlich einen guten Freund, der im Vertrieb von Werkzeugmaschinen arbeitet. Er hat mich oft nach meiner Meinung zu seinen nächsten Vertriebsaktionen beziehungsweise dazu passenden Werbemaßnahmen befragt. Die Ideen und Tipps, die ich ihm gab, haben ihn sehr begeistert. Er meinte, mein Wissen und meine Kreativität wären in dieser Branche sicherlich ebenfalls sehr nützlich. Deshalb habe ich mich bei Ihnen beworben.«

Karriereschritt

Wenn Sie sich für die dritte Argumentationslinie »Karriereschritt« entschieden haben, sollten Sie konkrete Belege für den beruflichen Erfolg beim alten Arbeitgeber vorweisen können. Also beispielsweise Zahlen für das Vorstellungsgespräch so aufbereiten, dass Umsatzsteigerungen oder die Erhöhung der Produktionskapazität nachvollziehbar werden.

Die Begründung für einen glaubwürdigen Wechselwunsch könnte dann folgendermaßen lauten: »Im Jahr vor der von mir initiierten Marketingkampagne lag der Produktabsatz bei 50 000 Einheiten im Jahr. Nach dem Produkt-Relaunch stieg der Absatz auf 65 000 Einheiten. Dieses Wissen möchte ich gerne für Ihre Firma einsetzen. Meine erfolgreiche Arbeit möchte ich daher als Marketingleiter bei Ihnen fortführen.«

Eine dieser drei vorgestellten Argumentationslinien sollten auch Sie in Ihrem Vorstellungsgespräch verfolgen. Sie sollten plausible Begründungen dafür finden, warum der angestrebte Wechsel für Sie eine konsequente Weiterentwicklung oder sogar einen echten Karriereschritt bedeutet oder auf welche Weise die neue Firma von Ihren Erfolgen oder Kenntnissen profitieren kann. Der Blick nach vorn bewahrt Sie davor, ungewollt Fehlentwicklungen oder Konflikte der Vergangenheit zu thematisieren. Um diese Strategie für das Gespräch gezielt vorzubereiten, sollten Sie die folgende Übung sehr gründlich durcharbeiten.

ÜBUNG

Den Wechsel begründen

In dieser Übung geht es darum, die Entscheider auf der Firmenseite davon zu überzeugen, dass der von Ihnen anvisierte Stellenwechsel eine Fortsetzung Ihrer beruflichen Erfolgsstory ist. Suchen Sie zunächst aus den drei von uns vorgestellten Argumentationslinien die heraus, die am ehesten auf Sie zutrifft. Nun brauchen Sie Belege, die diese Argumentation untermauern. Für die von Ihnen gewählte Argumentationslinie müssen Sie daher jetzt mindestens zwei, besser drei Beispiele finden, die Ihre Behauptung glaubwürdig machen.

Probieren Sie jetzt aus, wie sich Ihr Wechselwunsch glaubwürdig und zukunftsorientiert begründen lässt. Überlegen Sie sich zwei bis drei konkrete Beispiele, um Ihren Wechselgrund glaubhaft und sich zum interessanten Bewerber machen zu können.

Ihr erstes Beispiel: ....
....

Ihr zweites Beispiel..
....

Ihr drittes Beispiel: ....
....

Wichtig: Zukunftsorientierung statt Vergangenheitsfixierung

Wir wissen aus unserer Beratungstätigkeit, dass – zumindest in Ansätzen – immer auch Probleme am alten Arbeitsplatz ein Wechselgrund sind. Wenn daher einer der von uns zu

Beginn dieses Kapitels genannten tatsächlichen Wechselgründe auf Sie zutrifft, dann antworten Sie auf die Frage nach dem Grund Ihres Stellenwechsels bitte nicht zu ehrlich. Zu große Ehrlichkeit hilft im Bewerbungsprozess nämlich nicht weiter. Im Gegenteil: Durch ungewollte Selbstanklagen und eine ausgeprägte Vergangenheitsfixierung hinterlassen Sie unabsichtlich einen negativen Eindruck.

Bewahren Sie einen kühlen Kopf

Um Ihnen zu verdeutlichen, wie Vorwürfe gegen andere, zum Beispiel »schlechte Vorgesetzte«, »mangelnde Unterstützung bei der Arbeit«, »Missmanagement der Firmenleitung«, aus Sicht von Dritten bewertet werden, führen Sie sich bitte Freunde und Bekannte vor Augen, die eine langjährige Partnerschaft beendet haben. Meinen Sie, eine neue Partnerin beziehungsweise ein neuer Partner ist in der Kennenlernphase begeistert über die detailgetreue Schilderung aller Probleme, die zur Trennung vom alten Partner führten? Wohl kaum, denn viele Gründe für den Bruch liegen im Verborgenen oder sind oft so komplex, dass Außenstehende nicht in der Lage und nicht bereit sind, alle problematischen Details nachzuvollziehen.

Hinzu kommt, dass Sie, wenn Sie Problemsituationen schildern, immer stark emotional engagiert sind. Das führt bei vielen Bewerberinnen und Bewerbern dazu, dass sie, körpersprachlich sichtbar, einen hochroten Kopf bekommen, auch die Stimme fängt an zu zittern oder schrill zu klingen, und schleichend breitet sich eine düstere und verbitterte Gesprächsstimmung aus. Fließend und ungebremst geht es dann von der Schilderung eines Problems zum nächsten. Eine ausgeprägte Problem- und Vergangenheitsfixierung ist aber eine schlechte Basis für einen neuen Anfang.

Bei der Beendigung einer Partnerschaft gelten also genauso wie bei der Beendigung von Arbeitsverhältnissen besondere Regeln bei der Vermittlung nach außen. Wenn Sie Erfolg haben wollen, achten Sie deshalb im Vorstellungsgespräch darauf, dass Sie nicht auf persönlich als unangenehm erlebte Problemsituationen eingehen.

Inhaltlich argumentieren

Niemand will »die Katze im Sack kaufen«, daher sind neue Arbeitgeber zu Recht misstrauisch, wenn Bewerber vom alten Arbeitgeber weg wollen. Schwierige Mitarbeiter und Querulanten sind gefürchtet. Versucht man Sie daher mit Unterstellungen und Vermutungen über den »wahren« Grund Ihres

Wechsels zu provozieren, brauchen Sie darauf nicht einzugehen.

Nehmen Sie stattdessen immer eine inhaltliche Position ein, das heißt, argumentieren Sie aus den Anforderungen der neuen Position heraus und belegen Sie konkret, auf welche Weise Sie die Anforderungen erfüllen. Halten Sie bei gezielten Nachfragen zu Konflikten am alten Arbeitsplatz »den Ball flach«, indem Sie Schwierigkeiten oder Probleme eher als Ausnahme darstellen.

BEISPIEL

Der ehemalige Vorgesetzte

Frage: »Was hat Sie an Ihrem alten Vorgesetzten besonders gestört?«

Antwort: »Ich habe gut mit meinem alten Vorgesetzten zusammengearbeitet. Es können natürlich manchmal Probleme auftreten, wenn wichtige Informationen zu spät weitergegeben werden. Da wir ein gutes Abteilungsklima hatten, kam so etwas aber selten bei uns vor.«

Sie müssen im Vorstellungsgespräch damit rechnen, dass Personalverantwortliche Sie bewusst unter Druck setzen, um die tatsächliche Motivation für Ihren Stellenwechsel zu ergründen. Aus diesem Grund werden Ihnen häufig Stressfragen gestellt, um dadurch festzustellen, ob Sie sich in Widersprüche verwickeln.

BEISPIEL

Stressfrage

Frage: »Seien Sie mal ehrlich, Sie wollen doch aus irgendeinem Grund schnell weg von Ihrem alten Arbeitgeber? Haben Sie dort Schwierigkeiten?«

Antwort: »Es tut mir leid, wenn ich Ihnen bisher nicht deutlich genug machen konnte, was ich für die von Ihnen ausgeschriebene Position an Kenntnissen und Fähigkeiten mitbringe. Gerade meine Kenntnisse in ... und ... (Selbstpräsentation) bilden meiner Meinung nach eine gute Basis, um die von Ihnen geschilderten Anforderungen zu erfüllen. In welchem Punkt konnte ich Sie noch nicht überzeugen?«

Personalverantwortliche interessiert der Grund für Ihren Wechsel deshalb ganz besonders, weil daraus Rückschlüsse auf Ihr Verhalten am neuen Arbeitsplatz gezogen werden. Wenn sie zu erkennen glauben, dass Ihr Wunsch nach beruflicher Veränderung durch Probleme am alten Arbeitsplatz ausgelöst wurde, vermuten sie, dass die gleichen Probleme in der neuen Position ebenfalls wieder auftreten werden.

Souveränität lässt sich trainieren

Bei Stressfragen nach den Gründen für Ihren Wechsel dürfen Sie deshalb auf keinen Fall in die Vergangenheit abtauchen und langatmige Schilderungen von Schwierigkeiten, Konflikten und Problemen liefern. Sie bewältigen Stressfragen, wenn Sie bei Ihrer Antwort Ihre berufliche Zukunft im Blick behalten (beachten Sie dazu auch unsere Tipps im Kapitel »Gesprächstechniken, die Sie kennen sollten«). Trainieren Sie, auf Stressfragen rund um das Thema »Den Stellenwechsel begründen« nach dem folgenden Schema zu antworten:

1. **Verneinen Sie Ihnen unterstellte Probleme und Schwierigkeiten.**
2. **Behaupten Sie in einem Satz, dass Sie bisher ein zufriedenstellendes Arbeitsumfeld hatten.**
3. **Geben Sie ein Beispiel für eine berufliche Leistung, die Sie vollbracht haben.**

BEISPIEL

Unterstellung entkräftet

Stressfrage: »Ist Ihr Chefin nicht froh, Sie bald los zu sein?«

Antwort: »(Erstens) Nein, das glaube ich nicht. (Zweitens) Ich habe mit meiner Chefin gut zusammengearbeitet. (Drittens) Beispielsweise greifen die von mir erarbeiteten Maßnahmen zur Ausweitung unseres Geschäftsfeldes inzwischen. Durch die Erschließung neuer Märkte konnten wir unsere Produktion besser auslasten.«

ÜBUNG

Stressfragen zum Stellenwechsel souverän beantworten

Üben Sie, Stressfragen zu Ihrem Wechselwunsch gelassen zu beantworten. Orientieren Sie sich am vorgestellten Antwortschema. Gehen Sie nicht auf Unterstellungen ein. Stellen Sie mit Ihren Antworten einen Bezug zu den Anforderungen des neuen Arbeitsplatzes her.

»Will Ihre Firma Sie loswerden?«
Ihre Antwort: ....
....
....

»Hat es Probleme an Ihrem alten Arbeitsplatz gegeben?«
Ihre Antwort: ....
....
....

»Ihre Kollegen sind doch froh, Sie los zu sein, oder?«
Ihre Antwort: ....
....
....

»Sie werden sich doch mit der neuen Stelle gar nicht verbessern. Warum wollen Sie wirklich wechseln?«

Ihre Antwort: ....

....

....

»Ihre Kollegen lassen bestimmt die Sektkorken knallen, wenn die hören, dass Sie künftig woanders arbeiten, oder?«
Ihre Antwort: ....

....

....

»Sie haben wohl am alten Arbeitsplatz zu viele Fehler gemacht, oder warum müssen Sie sich wegbewerben?«
Ihre Antwort: ....

....

....

»Was blockiert Sie an Ihrem jetzigen Arbeitsplatz am meisten?«
Ihre Antwort: ....

....

....

Gute Gründe für den Stellenwechsel

AUF EINEN BLICK

→ Die tatsächlichen Gründe und die von Personalverantwortlichen akzeptierten Gründe für einen Stellenwechsel stimmen in der Regel nicht überein.

→ Übertriebene Ehrlichkeit ist bei der Begründung des Stellenwechsels meistens kontraproduktiv, weil bei der Schilderung von Konflikten am alten Arbeitsplatz zu viele Emotionen im Spiel sind. Auch unter Personalverantwortlichen gilt: Zum Streit gehören immer zwei. Und das spricht leider

→ FORTSETZUNG AUF DER NÄCHSTEN SEITE

bei den leisesten Zweifeln an Ihrer Person gegen eine Einstellungsentscheidung.

- → Sie überzeugen, wenn Sie im Vorstellungsgespräch verdeutlichen, dass Sie sich bei einem neuen Arbeitgeber beworben haben, weil Sie Ihre Kenntnisse und Fähigkeiten in der neuen Position gebündelt einsetzen können.

- → Stellen Sie Ihre bisherigen beruflichen Stationen als eine sinnvolle Abfolge dar. Machen Sie mit Beispielen deutlich, weshalb Ihre berufliche Entwicklung genau auf die ausgeschriebene Position hinführt.

- → Nutzen Sie eine unserer drei bewährten Argumentationsstrategien zu einer plausiblen Begründung Ihres Stellenwechsels:
  - Argumentationslinie 1 »Erfahrungen ausbauen«
  - Argumentationslinie 2: »Branchenwechsel«
  - Argumentationslinie 3: »Karriereschritt«

- → Kommunizieren Sie innerhalb der von Ihnen als passend ausgewählten Argumentationslinie zum Wechselwunsch zukunftsorientiert. Dies gelingt Ihnen, indem Sie die Unternehmensziele und Ihre persönlichen Ziele nennen und darstellen, wie sich beide innerhalb der neuen Aufgaben zur Deckung bringen lassen.

- → Reagieren Sie gelassen auf Stressfragen und Unterstellungen zum Wechselgrund. Gehen Sie auf Provokationen gar nicht erst ein. Sie kennen Ihre Stärken und werden hier überzeugen, indem Sie sie ruhig und sachlich präsentieren.

5. Auf dem Weg ins Vorstellungsgespräch

Das Vorstellungsgespräch beginnt nicht erst, wenn Sie einem Personalverantwortlichen gegenübersitzen. Sie sollten sich im Vorfeld ein paar Gedanken über die passende Kleidung machen, sich überlegen, welche Unterlagen Sie mitnehmen wollen und sich mit dem typischen Ablauf von Vorstellungsgesprächen vertraut machen

Die Frage »Was soll ich anziehen?« stellen sich Bewerberinnen und Bewerber immer wieder vor Vorstellungsgesprächen. Die richtige Kleidung für das Vorstellungsgespräch wird für Ihre Einstellung nicht ausschlaggebend sein, die falsche Kleidung kann jedoch als Störfaktor im Gespräch wirken und Ihnen eine überzeugende Präsentation erschweren.

Stimmen Sie sich rechtzeitig auf das Gespräch ein

Unabdingbar ist, dass Sie sich vor dem Vorstellungsgespräch noch einmal auf das Unternehmen, das Sie eingeladen hat, einstimmen. Sichten Sie das Informationsmaterial über das Unternehmen und wiederholen Sie Ihre Selbstpräsentation. Ihr Erfolg im Vorstellungsgespräch hängt davon ab, dass die Personalverantwortlichen klar erkennen, warum Sie zu der neuen Firma passen. Achten Sie deshalb darauf, dass Sie bei der Wiederholung Ihrer Selbstpräsentation ausreichend Bezug auf das neue Unternehmen und die neue Position nehmen.

Kein Vorstellungsgespräch gleicht dem anderen, dennoch können Sie sich auf den Ablauf vorbereiten. Es gibt Bestandteile, die in unterschiedlicher Gewichtung in jedem Vorstellungsgespräch enthalten sind. Wir erläutern Ihnen, wann Ihre Selbstpräsentation gefragt ist, wann Sie mit Fragen der Personalverantwortlichen rechnen müssen und wann Sie Ihre Fragen stellen können.

Die passende Kleidung

Der erste Eindruck zählt

Eigentlich möchten wir zum Thema Kleidung in Vorstellungsgesprächen eher weniger Hinweise geben, denn wir gehen grundsätzlich davon aus, dass Sie es besser als wir wissen, welche Kleidung in Ihrem Berufsfeld üblich ist und in welcher Kleidung Sie sich wohlfühlen. Die schlimmsten Fehler von Ausbildungsplatzsuchern, die uns aus eigener Anschauung bekannt sind, beispielsweise sich in einer Bank um einen Ausbildungsplatz zu bewerben und dann direkt vom Strand mit Badelatschen an den Füßen, einer schlackernden Bordshort um die Hüften und Sand auf den Waden und Schienbeinen zum Vorstellungsgespräch in der Bank »zu schlendern«, werden Sie sicherlich nicht begehen. Allerdings haben wir es ebenfalls schon erlebt, dass berufserfahrene Bewerber mit Nasen- und Oberlippenpiercing erschienen sind, um sich im Gespräch als Führungskraft im Handel zu empfehlen. Mit einem derartig heftigen ersten Eindruck wird es in den meisten Branchen aber sicherlich nicht zu der gewünschten Einstellung kommen.

Glücklicherweise sind die Anforderungen an die Kleidung von Bewerberinnen und Bewerbern nicht mehr so verstaubt, wie es früher der Fall war. Sie haben mehr Möglichkeiten Ihre Persönlichkeit auch optisch zu unterstreichen. Allerdings sind diese Möglichkeiten nicht unbegrenzt. Denn auch mit Ihrer Kleidung sollten Sie zeigen, dass Sie es ernst mit Ihrer Bewerbung meinen.

Um es Ihnen mit der Kleiderfrage etwas leichter zu machen, geben wir Tipps für diese drei Gruppen, die sich in Sachen »Kleidungsstil im Vorstellungsgespräch« gut voneinander abgrenzen lassen:

- → **Kaufmännische Berufe**
- → **Technische Berufe**
- → **Kreative Berufe**

In jeder dieser Gruppen gelten Besonderheiten, die Bewerber berücksichtigen sollten. Entscheiden Sie bitte für sich, welche der vorgestellten Kleidertipps für das von Ihnen angestrebte Berufsfeld entsprechend gelten.

Lieber ein konservatives Outfit wählen

Kaufmännische Berufe: In Berufen mit Kundenkontakt, beispielsweise in Banken, Versicherungen, Krankenkassen und auch im öffentlichen Dienst, ist Business-Outfit angesagt. Bewerberinnen und Bewerber sollten im Vorstellungsgespräch zumindest Stoffhose / Rock und Hemd / Bluse tragen. Turnschuhe und Jeans sind hier ein Knockout-Kriterium. Zeigen Sie im Vorstellungsgespräch auch mit Ihrer Kleidung, dass Sie ins übliche Erscheinungsbild der Mitarbeiterinnen und Mitarbeiter passen. Oft ist sogar der Anzug mit Krawatte oder das Kostüm empfehlenswert. Schmuck sollte äußerst dezent sein.

Technische Berufe: Bei technischen Berufen geht es etwas lockerer zu. Im Informatik und Elektronik-Bereich ist die Kleiderordnung nicht ganz so streng. Der Anzug muss es nicht immer sein. Mit einer gepflegten Freizeitkleidung kann man ebenfalls punkten. Dazu gehört das Oberhemd oder die Bluse, beides kombiniert mit einer klassischen Jeans oder Stoffhose, abgerundet durch Sakko oder Blazer. Auf allzu modische Gags sollten Bewerber verzichten. Und darauf achten, dass die Kleidung gepflegt und gut in Schuss ist.

Passend zur neuen Stelle

Kreative Berufe: Hier gibt es die größten Freiheiten. Wer in der Werbebranche arbeitet, sich als Maskenbildner, Bühnenmaler oder Friseur bewirbt, darf seine Kleidung für das Vorstellungsgespräch ruhig fantasievoller aussuchen. Hier wird sicherlich auch ein Piercing akzeptiert. Trotzdem gilt für das Vorstellungsgespräch: Bitte nicht zu wild auftreten. Schließlich gilt auch für kreative Berufe, dass 90 Prozent Arbeit und zehn Prozent Kreativität sind. Diese Kombination sollte auch bei Ihrem Auftritt deutlich werden. Man sollte erkennen können, dass Sie sich Mühe bei der Zusammenstellung Ihrer Kleidung gegeben und nicht einfach das nächstbeste Stück gegriffen haben.

Einstimmung

Zum Vorstellungsgespräch sollten Sie ein Duplikat Ihrer Bewerbungsunterlagen und die Stellenanzeige mitnehmen. Die Korrespondenz, die Sie vor dem Vorstellungsgespräch mit der neuen Firma geführt haben, sollten Sie ebenfalls dabeihaben.

Falls sie Ihnen bekannt sind, vergegenwärtigen Sie sich noch einmal die Namen und die Positionen Ihrer Gesprächspartner in der Firma.

Denken Sie auch an Stift und Papier, damit Sie sich wichtige Informationen notieren können. Dies gilt insbesondere für die Punkte, bei denen Sie zu einem späteren Zeitpunkt nachhaken möchten, oder für Punkte, die noch unklar sind. Wir empfehlen Ihnen einen Papierblock in der Größe DIN A5, weil dieses Format im Gespräch unauffälliger eingesetzt werden kann. Notieren Sie bei Bedarf ausgewählte Punkte, schreiben Sie aber bitte auf gar keinen Fall die ganze Zeit mit, damit Sie dem Gespräch konzentriert folgen können.

Durch Ihre Selbstpräsentation gewinnen Sie Sicherheit

Arbeiten Sie rechtzeitig vor dem Gespräch noch einmal Ihre Selbstpräsentation durch. Falls Sie sich bei mehreren Unternehmen beworben haben, müssen Sie sich jetzt auf die spezifischen Anforderungen desjenigen Unternehmens konzentrieren, das Sie zum Gespräch eingeladen hat. Üben Sie die Selbstpräsentation im Vorfeld lieber einmal mehr, um Sicherheit für das Gespräch zu gewinnen und aufkommende Nervosität in den Griff zu bekommen. Wer seine Stärken kennt und weiß, wie er seine Fähigkeiten und Kenntnisse im Gespräch herausstellen kann, geht mit einer sicheren Ausstrahlung in das Bewerbungsgespräch, die sich letztlich auch überträgt.

Sie können Ihre kommunikative Kompetenz von Anfang an deutlich machen, wenn Sie Ihre Gesprächspartner mit Namen ansprechen. Denken Sie auch daran, die Mitarbeiter am Empfang oder die Sekretärin freundlich zu grüßen.

Unabdingbar: Pünktlichkeit

Kommen Sie auf jeden Fall pünktlich. Da der Weg vom Pförtner zum Raum des Gesprächs in größeren Firmen schon mal 15 Minuten dauern kann – besonders, wenn Sie zum ersten Mal auf dem Firmengelände sind –, sollten Sie auf jeden Fall genügend Zeit einplanen.

Typische Phasen des Vorstellungsgespräches

Im Vorstellungsgespräch erwartet Sie üblicherweise eine sachliche Atmosphäre. Sie werden weder vorgeführt, noch dienen Sie Personalverantwortlichen als Blitzableiter für schlechte Laune. Spezielle Stressinterviews werden mit Bewerbern ohne Führungsverantwortung selten durchgeführt, aber mit der einen oder anderen Stressfrage müssen Sie als berufserfahrener Bewerber schon rechnen.

Typische Vorstellungsgespräche mit Angestellten dauern etwa 45 bis 90 Minuten. Auch wenn die einzelnen Blöcke in Vorstellungsgesprächen je nach Unternehmen unterschiedlich gewichtet werden, können Sie sich an folgendem Schema orientieren:

1. **Begrüßung**
2. **kurze Selbstdarstellung der Firma**
3. **kurze Selbstdarstellung des Bewerbers (Selbstpräsentation)**
4. **ausführliche Fragenblöcke, um die fachlichen Kenntnisse und die persönlichen Fähigkeiten des Bewerbers zu überprüfen**
5. **Fragen des Bewerbers an die Firma**
6. **Abschluss des Gesprächs**

Der Gesprächseinstieg

Der Einstieg ins Vorstellungsgespräch ist häufig so gestaltet, dass Ihr Gesprächspartner nach der offiziellen Begrüßung kurz zu »leichten« Themen wechselt. Beispielsweise werden Sie gefragt, ob Sie den Weg zur Firma schnell gefunden haben und ob Sie schon erste Eindrücke vom Firmenumfeld oder Gebäude gewonnen haben. Dies soll Ihnen die erste Unsicherheit nehmen. Danach wird Ihnen das Unternehmen kurz vorgestellt, Sie könnten beispielsweise knappe Informationen über die Unternehmensentwicklung und über die angebotenen Produkte beziehungsweise Dienstleistungen bekommen. Knapp deshalb, weil Sie zu einem späteren Zeitpunkt ja noch dazu befragt werden, was Sie über die Firma wissen. Dann geht es um die Mitarbeiterzahl, die Vorteile bestimmter Produkte oder Dienstleistungen, das Standing der Firma in der Branche und ähnliche Themen. Und um zu überprüfen, wie gut Sie sich auf diese Fragen vorbereitet haben, halten sich viele Firma in Sachen Selbstdarstellung zu Beginn des Vorstellungsgespräches eher bedeckt.

Dann steht Ihr beruflicher Werdegang im Mittelpunkt des Vorstellungsgespräches: Es wird Ihnen Platz zur Selbstdarstellung eingeräumt. Die Grundlagen hierfür haben Sie sich mit dem Kapitel »Warum sollten wir gerade Sie einstellen?

Ihre Einstellungsargumente in Form einer Selbstpräsentation« bereits erarbeitet. Sie wissen, wo Ihre Stärken liegen und welche Anforderungen Ihr neuer Arbeitsplatz mit sich bringt. Nun kommt es darauf an, dieses Wissen im Vorstellungsgespräch wirkungsvoll und überzeugend einzusetzen.

Jetzt ist Ihre Gelegenheit

Einen ganzen Block typischer Fragen aus dem Vorstellungsgespräch, bei denen Sie auf Ihre Selbstpräsentation zurückgreifen können, haben wir in der Übung »Selbstpräsentation einsetzen« vorgestellt. Wenn Sie diese Übung für sich intensiv bearbeitet haben, dann sind Sie fähig, auf Fragen wie »Erzählen Sie uns doch etwas über sich, damit wir Sie besser kennenlernen« oder »Was reizt Sie an der Position in unserem Unternehmen?« überzeugend zu reagieren.

Nutzen Sie die Gelegenheit, sich im Vorstellungsgespräch positiv in Szene zu setzen. Von Personalverantwortlichen wird häufig beklagt, dass Bewerber im Gespräch zu zurückhaltend sind und man ihnen jedes einzelne Wort »aus der Nase ziehen« muss. Dieses Verhalten ist verständlich, gerade unvorbereitete Bewerber durchschauen die Regeln des Bewerbungsverfahrens nicht und sind daher im Gespräch vorsichtig bei der Preisgabe von Informationen. Die Angst vor falschen Antworten blockiert die Bewerber und führt zu einer verkrampften Gesprächsatmosphäre.

Machen Sie es also besser, setzen Sie sich vor dem Vorstellungsgespräch mit Ihren Stärken und Schwächen auseinander und berücksichtigen Sie auch unsere Tipps und Hinweise aus dem Kapitel »Gesprächstechniken, die Sie kennen sollten«.

Nach Ihrer Selbstdarstellung beginnen die großen Fragenblöcke zu fachlichen Kenntnissen und persönlichen Fähigkeiten. Hier wird in den verschiedenen Branchen und Firmen sehr unterschiedlich verfahren. In kleinen und mittelständischen Unternehmen werden Sie anders befragt als in großen Unternehmen. Bewerbern für einen technischen Arbeitsplatz werden andere Fragen gestellt als Bewerbern, die sich für einen Arbeitsplatz im kaufmännischen Bereich beworben haben.

Im Kapitel »Auf diese Fragen sollten Sie sich vorbereiten« machen wir Sie mit den wichtigsten Fragen vertraut, die in Vorstellungsgesprächen an Sie gestellt werden. Antwortmöglichkeiten stellen wir Ihnen im Kapitel »Die 50 häufigsten Fragen und die besten Antworten« vor.

Im Vorstellungsgespräch werden Ihnen nicht nur Fragen gestellt – auch Ihre eigenen Fragen sind wichtig. Schließlich verläuft ein Vorstellungsgespräch nur dann erfolgreich, wenn es nicht zum Frage-Antwort-Spiel verkommt, sondern sich zum echten Dialog entwickelt. Sie können Ihre Fragen stellen, wenn Sie merken, dass Sie sich in einer weniger strukturierten Phase des Gespräches befinden. Üblicherweise wird man Sie im letzten Drittel auch auffordern, eigene Fragen zu stellen.

Der Gesprächsabschluss

Fragen Sie am Ende des Vorstellungsgespräches auf keinen Fall im Bittstellerton: »Seien Sie ehrlich, wie sind meine Chancen?« Sie würden ihren guten vorherigen Auftritt sonst beschädigen und durch diese Frage nur zeigen, dass Sie mit den Entscheidungsprozessen in der Personalauswahl nicht vertraut sind. Entscheidungen über Neueinstellungen werden erst nach gründlicher Rücksprache mit allen Beteiligten und endgültiger Prüfung des Für und Wider aller zum Vorstellungsgespräch eingeladenen Kandidaten gefällt.

Fragen Sie lieber, bis wann Sie mit einer Entscheidung rechnen können und erkundigen Sie sich nach dem für Sie zuständigen Ansprechpartner, bei dem Sie sich über den weiteren Verlauf der Auswahlentscheidung informieren können: Wird ein zweites Vorstellungsgespräch geführt werden? Wen werden Sie in der zweiten Runde zusätzlich überzeugen müssen? Erwartet Sie ein Assessment-Center?

Bedanken Sie sich bei allen Beteiligten für das Gespräch und stellen Sie heraus, dass Sie in Ihrem Wunsch, für dieses Unternehmen arbeiten zu wollen, bestärkt worden sind. Vergegenwärtigen Sie sich noch einmal die Namen aller Gesprächsbeteiligten. Bitten Sie im Zweifelsfall um eine Visitenkarte, damit Sie bei Rückfragen einen direkten Kontakt herstellen können.

AUF EINEN BLICK

Auf dem Weg ins Vorstellungsgespräch

→ Im Vorstellungsgespräch hat angemessene Kleidung einen wichtigen Stellenwert. Wählen Sie deshalb die Kleidung entsprechend den Anforderungen Ihrer Branche aus.

→ Nehmen Sie ein Duplikat Ihrer Bewerbungsunterlagen, die Stellenanzeige und die geführte Korrespondenz mit zum Gespräch.

→ Setzen Sie sich vor jedem Vorstellungsgespräch ein weiteres Mal mit den besonderen Anforderungen des jeweiligen Unternehmens auseinander.

→ Üben und wiederholen Sie Ihre Selbstpräsentation und schneiden Sie sie individuell auf die Wünsche des Unternehmens zu.

→ Machen Sie sich mit dem typischen Ablauf von Vorstellungsgesprächen vertraut.

→ Geben Sie sich auch am Ende von Vorstellungsgesprächen souverän. Bedanken Sie sich bei allen Gesprächsbeteiligten und fragen Sie nach einem Ansprechpartner, um sich über die nächsten Schritte im Auswahlverfahren informieren zu können.

6. Wer wird Ihnen gegenübersitzen?

In diesem Kapitel zeigen wir Ihnen, welche unterschiedlichen Ziele Personalverantwortliche, Fachvorgesetzte und Geschäftsführer beziehungsweise Firmeninhaber im Gespräch mit Bewerbern verfolgen und wie Sie reagieren können.

Verschiedene Gesprächspartner

Mit wem müssen Sie im Vorstellungsgespräch rechnen? Wer stellt die Fragen und wertet sie aus? Wer entscheidet am Ende des Bewerbungsmarathons endgültig darüber, ob Sie eine Absage erhalten oder einen Arbeitsvertrag angeboten bekommen? In diesem Kapitel werden wir Sie mit den wichtigsten Personen, die Ihnen im Vorstellungsgespräch gegenübersitzen, bekannt machen. Sie treffen in Vorstellungsgesprächen im Wesentlichen auf:

→ **Personalverantwortliche**
→ **Fachvorgesetzte**
→ **Geschäftsführer beziehungsweise Firmeninhaber**

Geschulte (hauptamtliche) Personalverantwortliche begegnen Ihnen in mittelgroßen und großen Firmen. In kleineren Firmen wird die Personalarbeit eher nebenbei erledigt, dort wird über Bewerbungen meist vom Geschäftsführer und/oder dem zuständigen Fachvorgesetzten entschieden.

Perspektivenwechsel

Die Vorstellungen über den idealen neuen Mitarbeiter werden von den beruflichen Positionen der Entscheider mit beeinflusst. Deshalb hilft Ihnen die Auseinandersetzung mit der speziellen Perspektive der anderen Seite, Ihr Antwortverhalten im Vorstellungsgespräch flexibel zu handhaben.

Personalverantwortliche

Im Vordergrund: die persönlichen Fähigkeiten

Personalverantwortliche legen andere Maßstäbe an als Fachvorgesetzte. Die Überprüfung von Fachkenntnissen, die zur erfolgreichen Berufsausübung nötig sind, steht deshalb bei Personalverantwortlichen zunächst im Hintergrund. Im Vordergrund stehen die persönlichen Fähigkeiten der Bewerber. Im Abschnitt »Was Unternehmen von Bewerbern erwarten« haben wir Sie mit den persönlichen Fähigkeiten bereits bekannt gemacht. Diese wesentlichen persönlichen Fähigkeiten, wie Kundenorientierung, Teamarbeit und Projektarbeit, selbstständiges Arbeiten, Belastungs- und Kritikfähigkeit und Lernbereitschaft, werden bei Bewerbern durch die Personalverantwortlichen überprüft. Sie stellen daher gezielte Fragen zu:

- → **der Motivation der Bewerbung,**
- → **der beruflichen Entwicklung,**
- → **zum Selbstbild und**
- → **manchmal auch zu der privaten Lebensgestaltung.**

Zu jedem dieser Themenkomplexe gibt es spezielle Fragen, die wir Ihnen in den Kapiteln »Auf diese Fragen sollten Sie sich vorbereiten« und »Die 50 häufigsten Fragen und die besten Antworten« ausführlich vorstellen und auf die Sie sich schon im Vorfeld einstellen und vorbereiten können.

Strukturierte Gespräche

Vorstellungsgespräche mit Personalverantwortlichen finden wegen der Menge der Fragen an die Bewerber meist strukturiert statt, das heißt, oft wird ein vorbereiteter Fragenkatalog abgearbeitet. Wenn alle Kandidaten die gleichen Fragen beantworten müssen, so hat dies aus Sicht der Personalabteilung den Vorteil, dass die Bewerber später gut verglichen werden können. Das Antwortverhalten, die Inhalte der Antworten und das allgemeine Auftreten im Vorstellungsgespräch können dann systematisch bewertet, beispielsweise auf einer Skala von eins bis fünf, und auf einem Auswertungsbogen eingetragen werden. Bestimmte, im Vorfeld definierte, Kategorien werden in manchen Firmen unterschiedlich gewichtet. Dann nehmen beispielsweise Antworten zur Kundenorientierung innerhalb des Gesamtergebnisses einen höheren Rang ein als Antworten auf Fragen zur Überprüfung der Lernbereitschaft. Nach dem Gespräch legt der Personalverantwortliche eine Gesamtnote für jeden Bewerber fest und macht der Fachabteilung Vorschläge, welche Bewerber er für die Besetzung der ausgeschriebenen Position für geeignet hält.

Fachvorgesetzte

Im Vordergrund: die fachlichen Kenntnisse

Fachvorgesetzte müssen Sie im Gespräch davon überzeugen, dass Sie den fachlichen Anforderungen des Arbeitsplatzes gerecht werden. Fachvorgesetzte sind keine Profis in Sachen Vorstellungsgespräch beziehungsweise Personalauswahl. Deshalb finden diese Gespräche meist unstrukturiert statt. Oft stellen sie die Abteilung, den Arbeitsplatz und aktuelle Aufgaben und Projekte vor. Sie gewinnen die Sympathie der Fachvorgesetzten, wenn Sie gezielt Fragen zu den Arbeitsabläufen stellen und auf ähnliche Projekte hinweisen, an denen Sie an Ihrem alten Arbeitsplatz bereits erfolgreich mitgearbeitet haben.

Wichtig dabei ist, dass Sie immer wieder typische Schlüsselworte aus dem Tagesgeschäft in das Gespräch einfließen lassen. Damit umgeben Sie sich mit dem »Stallgeruch«, der zeigt, dass Sie dazugehören. Mit etwas Übung gelingt es Ihnen, Schlüsselbegriffe in Vorstellungsgesprächen konsequent in Ihre Antworten einzubauen, und sie auch geschickt in Ihre eigenen Fragen einfließen zu lassen. Sie werden feststellen, dass diese Kommunikationstechnik Sie insbesondere im Umgang mit Fachspezialisten weiterbringt. Das Interesse an Ihnen nimmt zu, wenn Ihr Gegenüber aus der Fachabteilung den Eindruck hat, dass er mit seinen Wünschen an künftige Mitarbeiter verstanden wird.

BEISPIEL

Bankkaufmann

Schlüsselbegriffe, die Sie in einem Vorstellungsgespräch als Bewerber um eine Position als Bankkaufmann einsetzen können, sind: »Kundenberatung«, »PC-gestützte Beratungssysteme«, »serviceorientiert« und »abschlusssicher«. Entsprechende Formulierungen im Gespräch mit Fachvorgesetzten könnten dann lauten: »Während meiner Tätigkeit für

→ FORTSETZUNG AUF DER NÄCHSTEN SEITE

die XY-Bank habe ich Erfahrung in der Privatkundenberatung gewonnen. Mithilfe von PC-gestützten Beratungssystemen habe ich für die Kunden individuelle Anlagemöglichkeiten zur Alterssicherung entwickelt.«

BEISPIEL

Sekretärin

Geeignete Schlüsselbegriffe für Sekretärinnen sind: »eigenverantwortliche Arbeitsweise«, »Organisationstalent« und »Verwaltungsaufgaben«. Im Vorstellungsgespräch lassen sich mit diesen positiven Reizwörtern Sätze bilden wie: »Ich habe mir im Laufe der Jahre eine eigenverantwortliche Arbeitsweise angeeignet, die mir auch an meinem derzeitigen Arbeitsplatz dabei geholfen hat, Verwaltungs- und Organisationsaufgaben selbstständig zu erledigen. Dabei hilft mir meine Erfahrung in der Terminplanung und Wiedervorlage.«

Vorteile durch Berufsnähe

Nutzen Sie die im Vergleich mit Personalverantwortlichen eher offene Gesprächssituation, die Sie im Vorstellungsgespräch mit Fachvorgesetzten erwartet. Setzen Sie sich mit dem gezielten Einsatz von Schlüsselbegriffen aus dem Tagesgeschäft positiv in Szene und steigern Sie auf diese Weise das Interesse an Ihrer Person, Ihren Fähigkeiten und Ihren Kenntnissen.

Geschäftsführer und Firmeninhaber

Begegnen Ihnen Geschäftsführer oder Firmeninhaber im Vorstellungsgespräch, können Sie mit Ihren Antworten punkten, wenn Sie sich den besonderen beruflichen Hintergrund dieser »Entscheider« vergegenwärtigen. Geschäftsführer und Firmeninhaber sind »Macher«, das heißt, sie sind es gewohnt, ihre Interessen gegen den Widerstand von Personen oder Institutionen durchzusetzen, sie sind überzeugt davon, dass persönlicher und beruflicher Erfolg mit einer überdurchschnittlichen Leistungsbereitschaft einhergeht, und sie sind wenig detail-, dafür aber umso mehr ergebnisorientiert.

Im Vordergrund: die Leistungsbereitschaft

Als Um- oder Aufsteiger machen Sie Eindruck auf Geschäftsführer und Firmeninhaber, wenn Sie Situationen schildern, in denen Sie sich zielstrebig »durchgebissen« haben, um beruflich etwas zu erreichen. Betonen Sie im Gespräch, was Sie in Ihren bisherigen beruflichen Positionen alles geleistet haben. Machen Sie überzeugend klar, dass auch in Zukunft noch eine Menge von Ihnen zu erwarten ist, weil diese Leistungsbereitschaft ein wichtiger Aspekt Ihrer Persönlichkeit ist.

Ganz besonders positiv reagieren die »Macher an der Firmenspitze« auch auf Leistungen, die über das alltägliche Maß hinausgehen. Verweisen Sie auf von Ihnen angeschobene Sonderprojekte oder auf Ihre Anregung hin durchgeführte Verbesserungsmaßnahmen. Die Bereitschaft zur Übernahme von betrieblichen Sonderaufgaben und die entsprechenden Belege aus Ihrem bisherigen Werdegang überzeugen Führungsspitzen von Ihrer überdurchschnittlichen Leistungsmotivation und Leistungsbereitschaft. Auch Weiterbildungsmaßnahmen, an denen Sie neben Ihren eigentlichen beruflichen Aufgaben teilgenommen haben, sind ein Beweis für Ihre Motivation und werden wohlwollend zur Kenntnis genommen.

BEISPIEL

Teamleiterin

Eine Bewerberin für die Position einer Teamleiterin kann sich der Anerkennung durch den Geschäftsführer sicher sein, wenn sie sich folgendermaßen darstellt: »Als Gruppenleiterin in der Produktentwicklung sind mir immer wieder Optimierungsmöglichkeiten hinsichtlich der Qualität aufgefallen. Es fiel mir aber oft schwer, für meine Vorschläge zur besseren Vernetzung von Entwicklung, Vertrieb und Service Gehör zu finden, mir fehlten wohl manchmal die richtigen Argumente. Um hier überzeugender auftreten zu können habe ich mich entschieden, berufsbegleitende Seminare zum Qualitätsmanagement zu belegen. Diese Seminare habe ich aus eigener Tasche bezahlt. Dies hat sich aber gelohnt, danach wurden meine Vorschläge auch aufgenommen und umgesetzt.«

Brüche in der Biografie positiv begründen

Geschäftsführer und Firmeninhaber achten erfahrungsgemäß auch besonders stark auf Brüche oder Höhen und Tiefen in einem Lebenslauf. Nach ihrer Auffassung zeigt sich gerade in der Fähigkeit, mit Rückschlägen umzugehen und daraus entsprechende Konsequenzen für sich zu ziehen, das wahre Gesicht von Bewerbern. Zur Vorbereitung des Vorstellungsgesprächs sollten Sie deshalb Ihren übersandten Lebenslauf nochmals daraufhin überprüfen und sich überlegen, an welchen Punkten Sie mit entsprechenden Nachfragen rechnen müssen. Überlegen Sie sich schon in der Vorbereitungsphase, was Sie bei Brüchen in Ihrer Entwicklung aktiv getan haben, um die Situation zum Besseren zu wenden. Dies können Sie dann zu Ihren Gunsten auch so im Gespräch gegenüber Geschäftsführern vertreten.

BEISPIEL

Der Ausbildungsabbruch

Firmeninhaber fragen beispielsweise gerne nach, wenn aus den Unterlagen eines Bewerbers hervorgeht, dass er einmal eine Ausbildung abgebrochen hat. Dann kommt es darauf an, die berufliche Entwicklung nach dem Abbruch als geplant und zielgerichtet darzustellen, beispielsweise so: »Nach dem Abbruch meiner ersten Ausbildung habe ich einsehen müssen, dass ich einfach viel zu schlecht über das Berufsfeld informiert war. Bei meiner zweiten Ausbildung habe ich es dann besser gemacht. Ich habe mich gründlich informiert, gezielt ein Praktikum absolviert und die zweite Ausbildung dann mit gutem Erfolg abgeschlossen. Dies zeigt sich für mich auch daran, dass ich von der Firma übernommen wurde, dort noch einige Jahre gearbeitet habe und im Lauf der Zeit deutlich mehr Verantwortung in meinem Arbeitsbereich übernommen habe.«

Üben Sie in diesem Zusammenhang auch, die im nächsten Kapitel beschriebene Antworttechnik »Beispiele geben« einzusetzen. Damit versetzen Sie sich in die Lage, konkrete Beispiele für Ihre überdurchschnittliche Leistungsbereitschaft in das Vorstellungsgespräch einfließen zu lassen.

Wer wird Ihnen gegenübersitzen?

AUF EINEN BLICK

- → Im Vorstellungsgespräch treffen Sie vorwiegend auf Personalverantwortliche, Fachvorgesetzte und Geschäftsführer. Stellen Sie sich deshalb mit Ihrem Gesprächsstil flexibel auf die unterschiedlichen Gesprächspartner ein.
- → Personalverantwortliche sind vorwiegend an Ihren persönlichen Fähigkeiten interessiert.
- → Fachvorgesetzte überzeugen Sie durch erfolgreich bearbeitete Aufgaben und Projekte an Ihrem derzeitigen Arbeitsplatz.
- → Setzen Sie im Gespräch mit Fachvorgesetzten Schlüsselbegriffe aus dem Tagesgeschäft ein.
- → Geschäftsführer und Firmeninhaber lassen sich von Ihrer Leistungsbereitschaft, aber auch von erfolgreich bewältigten Brüchen oder Krisen im Werdegang beeindrucken. Überlegen Sie sich in der Vorbereitungsphase, wie Sie Ihre überdurchschnittliche Leistungsbereitschaft durch überzeugende Beispiele belegen könnten. Und bereiten Sie gegebenenfalls glaubwürdige Begründungen dafür vor, wie Sie bei Fehlentwicklungen eine Wende zum Besseren erreicht haben.

7. Gesprächstechniken, die Sie kennen sollten

Personalverantwortliche sind darin geschult, Vorstellungsgespräche zu führen. Damit Sie als Bewerber die Absichten erkennen können, die hinter der jeweils eingesetzten Fragetechnik stehen, stellen wir Ihnen in diesem Kapitel die Techniken der Gesprächsführung vor.

Im Vorstellungsgespräch treffen Sie auf Personalverantwortliche, die darin geschult sind, Sie mit bestimmten Fragetechniken zu konfrontieren, auf die Sie reagieren müssen. Ihr Antwortverhalten wird dabei genauso registriert und bewertet wie der Inhalt Ihrer Antworten.

Trainieren Sie Ihr Gesprächsverhalten

Wir stellen Ihnen jetzt Fragetechniken vor und zeigen Ihnen, wie Sie mit geeigneten Antworttechniken reagieren – und überzeugen – können. Die vorgestellten Fragetechniken können Sie natürlich ebenfalls für Ihre Fragen an die Firma nutzen. Ein Bewerbungsgespräch ist schließlich kein Verhör, sondern ein gegenseitiges Kennenlernen durch Fragen und Antworten.

Offene Fragen

Informationssammlung

Offene Fragen nennt man solche, die Sie nicht mit Ja oder Nein beantworten können. Man nennt diesen Typ auch W-Fragen: was, welche, wie, wozu, warum. Beispiele: »Was macht Sie für die ausgeschriebene Position geeignet?« oder »Welche Unterstützung brauchen Sie von der Unternehmensseite, um erfolgreich arbeiten zu können?«

W-Fragen haben den Vorteil, dass sie ein Gespräch oder eine Diskussion in Schwung bringen. Offene Fragen geben dem Befragten mehr Raum zur Selbstdarstellung. Diese Fragen werden eingesetzt, um längere Antworten und damit auch mehr Informationen zu bekommen. Dadurch kann man an Teilaspekten der Antwort ansetzen und diese durch weitere

Fragen vertiefen. Für den Befragten ist hier manchmal problematisch, dass er womöglich unwesentliche Informationen nennt, weil er an der Frage vorbeiredet und sich in Details verliert. Oder er hat sich vorher nicht überlegt, wo seine Informationsgrenzen liegen. Dann gibt er ungewollt Informationen zu Dingen, die er im Vorstellungsgespräch besser nicht erwähnen sollte. Beispielsweise, weil er die Frage »Was hat Sie an Ihrem Vorgesetzten manchmal gestört?« ganz ehrlich mit der Aussage »Das war so ein Aktionist, der hatte immer tolle Ideen, allerdings immer fünf gleichzeitig. Wenn es dann an die Umsetzung ging, hat er überhaupt nicht mehr mitgemacht. Oft musste ich dann die Fehler ausbaden, die er verursacht hat, weil er mich im Vorfeld einfach nicht genügend informiert hat. Das habe ich mir natürlich auf Dauer nicht gefallen lassen und ihn darauf hingewiesen, dass das so nicht geht. Darüber haben wir dann öfter gestritten, deshalb möchte ich ja die Stelle wechseln.«

Beziehen Sie sich auf die ausgeschriebene Stelle

Sie bewältigen offene Fragen dann am besten, wenn Sie in Ihren Antworten immer einen Bezug zu Ihrer angestrebten Position herstellen und genügend Beispiele liefern. Eine bessere Antwort auf die Frage »Was hat Sie an Ihrem Vorgesetzten manchmal gestört?« wäre dann beispielsweise: »Mit meinem Vorgesetzten kam ich eigentlich gut klar. Natürlich gibt es manchmal Dinge, die nicht so gut laufen. Zum Beispiel hatte mein Chef einmal Lieferverträge für Ware vereinbart, die wir gar nicht auf Lager hatten. Ich musste dann als Einkäufer wie wild telefonieren, um die Ware von unseren Lieferanten schnell zu bekommen. Verdient haben wir an dem Auftrag nichts, eher noch drauf gezahlt, weil die Spedition einen Zuschlag für die schnelle Lieferung verlangt hat. Dies habe ich meinem Chef auch später, in einem passenden Moment, gesagt. Damit war die Sache erledigt.«

Geschlossene Fragen

Antworten stets begründen

Geschlossene Fragen können Sie mit Ja oder Nein beantworten (»Haben Sie Computerkenntnisse?«, »Sind Sie ein Mensch, der andere überzeugen kann?«). Häufig wird einer geschlossenen Frage eine offene hinterhergeschickt, um sich die Antwort begründen zu lassen (»Welche Computerkenntnisse?«, »Wie überzeugen Sie andere Menschen?«). Sie sollten auch bei geschlossenen Fragen Ihren Antworten immer eine kurze Begründung anschließen. Ersparen Sie Personalverantwortlichen die Mühe, immer wieder nachbohren zu müssen. Nutzen Sie hier auch die Chance, Ihre Eignung für die neue Stelle immer wieder durch Beispiele zu untermauern.

BEISPIEL

Geschlossene Frage zum Führungsstil

Frage: »Kennen Sie unterschiedliche Führungsstile?«

Antwort: »Ja, ich weiß, dass es verschiedene Führungsstile gibt. In meiner bisherigen Berufspraxis hat sich gezeigt, dass es wichtig ist, Führungsstile flexibel einzusetzen. Generell bevorzuge ich einen demokratischen Führungsstil, der die Vorstellungen der Mitarbeiter mit einbezieht.«

Fragen sie nach!

Geschlossene Fragen sind auch für Bewerber geeignet, um schnell Informationen zu erhalten (»Gibt es in der Einarbeitungszeit einen festen Ansprechpartner für mich?« oder »Wurde die ausgeschriebene Position neu geschaffen?«). Achten Sie jedoch darauf, dass Sie genügend Hintergrundinformationen bekommen. Lassen Sie sich nicht mit einem Ja oder Nein abspeisen. Fragen Sie nach, wenn Sie zu knappe Antworten bekommen, die Sie nicht zufrieden stellen.

BEISPIEL

Neu geschaffene Position

Bewerberfrage: »Wurde die ausgeschriebene Position neu geschaffen?«

Antwort der Firmenseite: »Ja, um diese Stelle wurde in der Firma lange gerungen.«

Nachfragen des Bewerbers: »Wer hat sich für beziehungsweise gegen die Schaffung der Stelle ausgesprochen? Wie ist die Stelle in die firmeninternen Abläufe eingegliedert? Wurden die Aufgaben bisher von einer anderen Person mit bearbeitet?«

Alternativfragen

Alternativfragen sind bestens dazu geeignet, Bewerber dazu zu bringen, sich vorschnell festzulegen. Machen Sie unseren kleinen Test und beantworten Sie die folgenden drei Fragen:

- → **Arbeiten Sie lieber im Team oder lieber allein?**
- → **Hören Sie lieber zu oder reden Sie lieber?**
- → **Ist für Sie das höhere Gehalt wichtiger oder die neue Tätigkeit?**

Geben Sie für beide Möglichkeiten Beispiele

Die meisten Menschen beantworten diese Fragen spontan entweder mit der einen oder der anderen vorgegebenen Antwortmöglichkeit. Wenn Sie jedoch in Ruhe nachdenken und gedanklich verschiedene Situationen durchspielen, werden Sie feststellen, dass Teamarbeit und selbstständiges Arbeiten (zum Beispiel als Vorbereitung auf Teamsitzungen) zusammengehören, dass Sie sowohl zuhören als auch reden und dass für Sie das Gehalt genauso wichtig ist wie eine anspruchsvolle berufliche Tätigkeit.

Nutzen Sie diese Einsichten, wenn Ihnen Alternativfragen gestellt werden (dies gilt auch für den privaten Bereich). Entscheiden Sie sich nicht vorschnell für eine vorgegebene Antwort, sondern geben Sie für beide Möglichkeiten Beispiele an. Dabei können Sie in Ihren Antworten auch Schwerpunkte für eine der beiden genannten Alternativen nennen, beispielsweise: »Ich arbeite gerne im Team, beispielsweise wenn wir in größerer Runde überlegen, welche Vertriebsaktionen in der nächsten Saison im Vordergrund stehen sollen. Dann arbeite ich aber auch gerne allein, um mich um die Dinge zu kümmern, die in meinem Arbeitsfeld wichtig sind, beispielsweise die Ausarbeitung und Verfolgung von konkreten Angeboten an Schlüsselkunden. Ich würde sagen, dass die Arbeit, die ich alleine bewältige einen Anteil von 75 Prozent an meiner Arbeitszeit hat, das gefällt mir auch so.«

BERATUNG

Aus unserer Beratungspraxis
In der Falle

Eine Bewerberin fühlte sich in Vorstellungsgesprächen von den Fragen der Personalverantwortlichen so stark unter Druck gesetzt, dass sie ab einem bestimmten Punkt anfing zu schweigen. Ihr Problem waren vorschnelle Festlegungen in ihren Antworten auf Alternativfragen, die dann gezielte Stressfragen nach sich zogen. Sie war verzweifelt, da sie ihren Berufseinstieg als Multimedia-Assistentin nach einer erfolgreichen Fortbildungsmaßnahme in weite Ferne gerückt sah.

In unserer Beratung lernte sie, den bisher für sie typischen Gesprächsablauf zu vermeiden. Beispielsweise hatte sie auf die Alternativfrage »Arbeiten Sie lieber pragmatisch oder fantasievoll?« bisher geantwortet: »Ich möchte unbedingt fantasievoll und kreativ arbeiten.« Diese einseitige Antwort führte dann zu Stressfragen wie: »Haben Sie Schwierigkeiten mit Routineaufgaben aus dem Tagesgeschäft?« Von diesem Zeitpunkt an fühlte sie sich bereits unwohl, wenn man ihr dann noch vorhielt, »zu abgehoben für den Berufsalltag« zu sein, fing sie an zu schweigen.

Wir trainierten mit ihr, Alternativfragen aufzulösen, sodass sie antworten konnte, ohne sich festzulegen. Auf die Frage nach der Vorliebe für praxisnahes oder kreatives Arbeiten antwortete sie nun: »Ich finde, beide Arbeitsweisen sind wichtig. So geht es zuerst einmal darum, die Routine im Tagesgeschäft zu erledigen. Es ist aber auch immer wichtig, nach neuen Lösungen zu suchen und kreativen Input in das Team zu bringen.« So bekam sie die Sicherheit, das Vorstellungsgespräch im Griff zu haben und auf einer Wellenlänge mit dem Personalverantwortlichen zu sein.

Fazit: Unangenehme Fragen im Bewerbungsgespräch resultieren weniger aus der Bösartigkeit der Personalabteilung, sondern mehr daraus, dass Bewerber die Personalverantwortlichen durch einseitiges oder einsilbiges Antwortverhalten zum Nachfassen veranlassen.

Stressfragen

Sie kennen die Situation bestimmt noch aus der Schule: Sie gaben eine richtige Antwort, aber der Lehrer guckte Sie erstaunt an und fragte: »Bist du sicher?« Schon korrigierten Sie unter dem Gelächter der Klasse Ihre Antwort, worauf der Lehrer sagte: »Leider falsch, die erste Antwort war schon richtig. Du hast es also doch nicht gewusst und nur geraten.«

Auch Personalverantwortliche nutzen eine ähnliche Technik, um Sie zu verunsichern und Stressreaktionen zu provozieren. Allerdings wird diese Technik im Vorstellungsgespräch etwas subtiler eingesetzt.

Nicht verunsichern lassen!

Zum Beispiel: Nachdem Sie eine Frage beantwortet haben, schweigt Ihr Gesprächspartner einfach und stellt nicht sofort die nächste Frage. Um Sie weiter unter Druck zu setzen, werden Sie mit einem bohrenden Blick angesehen. Die meisten Bewerber setzen nun ein zweites Mal an und reden so lange, bis der gute erste Teil der Antwort verblasst ist und nur noch unzusammenhängende Informationen im Raum stehen. Zu diesem Zeitpunkt merkt auch der Bewerber, dass er Unsinn redet, allerdings traut er sich jetzt nicht mehr aufzuhören. Er redet dann so lange weiter, bis sein Monolog vom Gegenüber unterbrochen wird.

Kurze, präzise Antworten

Diesen Fehler nennen wir »nachdieseln«. Genauso wie ein Pkw, der noch weiterläuft, wenn der Schlüssel im Zündschloss schon abgezogen ist, setzt der Bewerber ein zweites Mal an, weil er den langen Pausen und bohrenden Blicken nicht standhält. Trainieren Sie aus diesem Grund unbedingt, auf Fragen kurze und präzise Antworten zu geben und kritischen Blicken standzuhalten, sonst beginnt man, an Ihrer emotionalen Stabilität zu zweifeln.

Stressfragen werden wohl dosiert in jedes Vorstellungsgespräch eingestreut. Anmerkungen wie »Ich glaube, Sie sind nicht der Richtige für uns!«, »Sind Sie mit Ihren beruflichen Erfahrungen nicht überqualifiziert/unterqualifiziert für diesen Arbeitsplatz?« oder »Die Beurteilungen in Ihren Arbeitszeugnissen sind ziemlich schlecht!« dienen dazu, im Schnellverfahren zu überprüfen, wie Sie unter Druck reagieren.

Gehen Sie nicht auf Unterstellungen oder Behauptungen ein, sondern beziehen Sie sich auf die fachlichen Kenntnisse und persönlichen Fähigkeiten, die Sie für den zukünftigen

Arbeitsplatz mitbringen. Sie haben Ihre Selbstpräsentation gut ausgearbeitet und intensiv geübt. Also stellen Sie dar, warum gerade Sie mit Ihren Kenntnissen und Fähigkeiten für den zu vergebenden Arbeitsplatz geeignet sind.

BEISPIEL

Unterstellungen

Wenn Sie auf die Unterstellung »Sie scheinen nicht besonders gerne zu arbeiten?« mit rotem Kopf reagieren und viel zu laut behaupten »Natürlich arbeite ich gerne, meinen Sie ich wäre beruflich so weit gekommen, wenn ich nur Dienst nach Vorschrift machen würde?«, wirkt dies nicht sehr überzeugend. Sie sind auf einen Stresstest hereingefallen.

Antworten Sie lieber sachlich und beherrscht und schildern Sie eine Situation aus Ihrer Selbstpräsentation, die Ihre Leistungs- und Belastungsfähigkeit dokumentiert, beispielsweise so: »Während der Neueinführung einer Software in meiner derzeitigen Firma hatten wir erhebliche Doppelbelastungen zu tragen. Über einen Zeitraum von sechs Monaten habe ich zusätzlich zu meinen eigentlichen Aufgaben die Mitarbeiter und Kollegen bei der Softwareumstellung mit Schulungen und Beratungen unterstützt.«

ÜBUNG

Stressfragen entschärfen

In dieser Übung trainieren Sie, auf Unterstellungen, persönliche Angriffe und Vorwürfe angemessen zu reagieren. Ihre Stressstabilität wird im Vorstellungsgespräch deutlich, wenn Sie es schaffen, Angriffe ins Leere laufen zu lassen, und immer wieder auf positive Selbstdarstellungen zurückgreifen.

1. Gehen Sie nicht auf die Unterstellung ein.
2. Stellen Sie das positive Gegenstück der Unterstellung anhand eines Beispiels aus dem Berufsalltag dar.

Die gedankliche Überleitung von der Unterstellung zu einem positiven Inhalt gelingt Ihnen am besten, wenn Sie Ihre Antwort in Gedanken mit den beiden Worten »im Gegenteil« einleiten. Beispiel:

Unterstellung: »Sie scheinen Schwierigkeiten damit zu haben, sich unterzuordnen!«
Antwort: (In Gedanken: Im Gegenteil) »Ich habe mit meiner Vorgesetzten stets gut zusammengearbeitet. Für die Präsentation meiner Firma auf einer Ausstellung habe ich Anregungen aus dem Marketing und dem Vertrieb aufgegriffen und mit meiner Abteilungsleiterin ein Standkonzept entwickelt, das uns eine Prämierung einbrachte.«

Antworten Sie auf die folgenden Stressfragen und üben Sie, unser vorgeschlagenes Schema umzusetzen. Gewöhnen Sie sich an die gedankliche Einleitung Ihrer Antworten mit den unausgesprochenen Worten »im Gegenteil«.

»Sie scheinen Schwierigkeiten mit Routineaufgaben zu haben!«
Ihre Antwort: (In Gedanken: Im Gegenteil) ....
....
....

»Ihre Zielstrebigkeit ist Ihnen wohl im Laufe der Zeit abhanden gekommen!«
Ihre Antwort: (In Gedanken: Im Gegenteil) ....
....
....

»Ich glaube, Sie sind der Typ Mensch, der sich bei Schwierigkeiten eher versteckt!«
Ihre Antwort: (In Gedanken: Im Gegenteil) ....
....
....

→ FORTSETZUNG AUF DER NÄCHSTEN SEITE

»Das Wohl der Firma liegt Ihnen ja nicht besonders am Herzen!«
Ihre Antwort: (In Gedanken: Im Gegenteil) ....
....
....

»Sie sind doch jetzt schon überbezahlt!«
Ihre Antwort: (In Gedanken: Im Gegenteil) ....
....
....

Antworttechnik: Beispiele geben

Mit konkreten Beispielen vermeiden Sie Leerfloskeln

Die Antwort, die Sie schon in unserem Beispiel Unterstellungen auf die Frage »Sie scheinen nicht besonders gerne zu arbeiten?« gelesen haben, zeigt bereits die beste Möglichkeit, auf eine Stressfrage zu reagieren: mit der Antworttechnik »Beispiele geben«. Die meisten untrainierten Bewerber antworten auf Fragen in Vorstellungsgesprächen zu allgemein und oberflächlich und verzichten darauf, konkrete Beispiele zu geben. Sie sollten es darum vermeiden, leere Floskeln zu verwenden. Belegen Sie Ihre Aussagen mit überzeugenden Beispielen. So wirken Sie kompetent und souverän.

BEISPIEL

Zwei Stärken

Wenn Sie aufgefordert werden: »Nennen Sie uns zwei Stärken von Ihnen!«, sollten Sie niemals nur allgemein antworten: »Meine Stärken sind Ausdauer und Verlässlichkeit.« Überzeugender ist eine Antwort mit Beispielen wie: »Meine Stärken sind Ausdauer und Verlässlichkeit, ich habe beispielsweise internationale Messen mit vorbereitet. Es kam darauf an, Terminvorgaben einzuhalten. Deshalb hat sich unsere Projektgruppe auch an Samstagen zum Arbeiten getroffen.«

Teamfähigkeit

Die Frage »Sind Sie teamfähig?« sollten Sie nicht einfach nur bejahen. Besser ist es, ein konkretes Beispiel zu geben: »Ja, ich löse gerne berufliche Aufgaben zusammen mit anderen im Team. In meiner derzeitigen Firma haben wir eine abteilungsübergreifende Arbeitsgruppe zur Qualitätssicherung gebildet. Die Ergebnisse, die von dieser Arbeit ausgingen, führten zu einer deutlichen Senkung von Ausschuss in den Produktionslinien.«

Souveränes Antwortverhalten

ÜBUNG

Mit dieser Übung trainieren Sie, oberflächliche Antworten durch aussagekräftige zu ersetzen. Damit das Vorstellungsgespräch zu einem Gespräch wird und eine Verhöratmosphäre gar nicht erst entsteht, sollten Ihre Antworten nicht nur konkret sein, sondern auch mindestens zwei bis drei Sätze umfassen. Untrainierte Bewerber neigen dazu, Stichworte in den Raum zu werfen, ohne sie durch Beispiele für den Personalverantwortlichen in einen Zusammenhang zu stellen.

Trainieren Sie jetzt, häufig abgefragte Inhalte im Bewerbungsgespräch mit dem folgenden Argumentationsschema zu beantworten.

1. *Schritt:* Beantworten Sie die Frage.
2. *Schritt:* Untermauern Sie Ihre Antwort durch eine passende Situation aus Ihrem bisherigen Berufsalltag.
3. *Schritt:* Erwähnen Sie erreichte Ziele oder von Ihnen gewonnene Erkenntnisse aus dieser Situation.

Beispiel: Auf die Frage »Sind Sie belastbar?« antworten Sie so:

1. *Schritt:* »Ich kann auch mit hohen Arbeitsanforderungen gut umgehen.«

→ FORTSETZUNG AUF DER NÄCHSTEN SEITE

2. *Schritt:* »Als Projektleiterin für das Intranet meiner Firma musste ich die Vorstellungen der einzelnen Abteilungen in das Projekt integrieren und hinsichtlich der technischen Machbarkeit überprüfen. Das zog einen großen Argumentationsbedarf nach sich, und es musste viel Arbeit auch nach Feierabend geleistet werden, um das Tagesgeschäft nicht zu stören.«
3. *Schritt:* »Ich habe die größere Arbeitsbelastung gern übernommen, um durch die Intranet-Einführung zu reibungsloseren Abläufen in der Firma zu kommen.«

Jetzt sind Sie dran. Üben Sie, die folgenden Fragen mit unserem Argumentationsschema zu beantworten.

»Würden Sie sich selbst als kommunikativ beschreiben?«
1. Schritt: ....
2. Schritt: ....
3. Schritt: ....

»Können Sie andere motivieren?«
1. Schritt: ....
2. Schritt: ....
3. Schritt: ....

»Ist Ihnen beruflicher Aufstieg wichtig?«
1. Schritt: ....
2. Schritt: ....
3. Schritt: ....

»Trauen Sie sich zu, ein abteilungsübergreifendes Projekt zu leiten?«
1. Schritt: ....
2. Schritt: ....
3. Schritt: ....

»Wissen Sie, wie man erfolgreiche Verkaufsverhandlungen führt?«
1. Schritt: ....
2. Schritt: ....

3. Schritt: ....

»Können Sie kreativ arbeiten?«
1. Schritt: ....
2. Schritt: ....
3. Schritt: ....

»Bevorzugen Sie einen bestimmten Führungsstil?«
1. Schritt: ....
2. Schritt: ....
3. Schritt: ....

Gesprächstechniken, die Sie kennen sollten

AUF EINEN BLICK

→ Die Beschäftigung mit Frage- und Antworttechniken gibt Ihnen im Vorstellungsgespräch Sicherheit.

→ Setzen Sie sich mit den Besonderheiten von offenen Fragen, geschlossenen Fragen, Alternativfragen und Stressfragen auseinander.

→ Wenn Ihnen offene Fragen gestellt werden, sollten Sie die Chance nutzen und sich überzeugend präsentieren. Achten Sie darauf, mit Ihren Antworten immer einen Bezug zur ausgeschriebenen Stelle herzustellen.

→ Sie beantworten geschlossene Fragen souverän, wenn Sie Ihre Antwort kurz begründen.

→ Legen Sie sich bei Alternativfragen mit Ihren Antworten nicht zu früh fest.

→ FORTSETZUNG AUF DER NÄCHSTEN SEITE

→ Lassen Sie sich durch Stressfragen nicht aus dem Konzept bringen. Trainieren Sie, auf Unterstellungen gelassen zu reagieren und sie mit passenden Beispielen zu entkräften.

→ Üben Sie den verstärkt den Einsatz der Antworttechnik »Beispiele geben«. Mit aussagekräftigen Antworten setzen Sie sich in Vorstellungsgesprächen deutlich von Durchschnittskandidaten ab, und verdeutlichen Ihr berufliches Profil.

8. Die eigenen Stärken und Schwächen

Kaum ein Vorstellungsgespräch vergeht ohne die berüchtigten Fragen nach den Stärken und Schwächen der Bewerber. Dieses Kapitel hilft Ihnen zu erkennen, welche Stärken erwünscht sind und wie sich Schwächen so darstellen lassen, dass Sie sich nicht selbst ins Aus katapultieren.

Wenn Sie Ihre Fähigkeiten kennen, wirken Sie selbstsicher

Fragen nach Stärken und Schwächen gehören in vielen Firmen zum grundsätzlichen Programm des Vorstellungsgespräches. Für Personalverantwortliche sind sie wichtige Fragen zur Überprüfung des Bewerberprofils. Die Aufforderung »Nennen Sie mir bitte drei Stärken und drei Schwächen von Ihnen!« taucht deshalb in Vorstellungsgesprächen regelmäßig auf. In letzter Zeit zeichnet sich dabei der Trend ab, dass indirekt gefragt wird. Die Firmenseite testet Bewerber zum Fragenkomplex Schwächen dann mit Fragen wie »Welche Eigenschaften würde Ihr Chef an Ihnen kritisieren?« oder »Was stört Ihre Kollegen an Ihnen?« Berufliche Stärken werden ebenso indirekt erfragt mit »Was schätzen Ihre Kollegen an Ihnen?« oder »Mit welchen drei positiven Eigenschaften würden Ihre Kollegen Ihren Arbeitsstil beschreiben?«

Setzen Sie sich daher unbedingt zur Vorbereitung von Vorstellungsgesprächen mit Ihren Stärken und Schwächen auseinander, damit Sie Ihre persönlichen Fähigkeiten im Bewerbungsgespräch überzeugend präsentieren und konkret belegen können.

Aus unserer Beratungstätigkeit wissen wir, wie schwierig es für Bewerber ist, darauf zu antworten. Daher werden wir immer wieder gefragt: »Welche Stärken von mir soll ich nennen?« und »Wie aufrichtig muss ich bei der Angabe meiner Schwächen sein?«

Stärken glaubwürdig darstellen

Ihre Stärken müssen zur ausgeschriebenen Stelle passen

Wenden wir uns zuerst den Stärken zu. Unsere im letzten Kapitel dargestellte Antworttechnik »Beispiele geben« lässt sich auch bei der Darstellung Ihrer Stärken im Vorstellungsgespräch optimal einsetzen. Zuerst überlegen Sie sich, welche Stärken für die von Ihnen angestrebte Stelle wichtig sind. Im nächsten Schritt müssen Sie darauf abgestimmte Beispiele finden, die zeigen, in welchen Situationen Sie diese Stärken benutzen. Wir werden Ihnen Beispiele und eine Übung vorstellen, damit Sie trainieren können, Ihre Stärken durch aussagekräftige Situationen aus Ihrem Berufsalltag zu untermauern.

BEISPIEL

Belastungsfähigkeit

»Ich verfüge über eine überdurchschnittliche Belastungsfähigkeit, das zeigt sich daran, dass ich bei kurzfristig auftretenden Problemen nicht die Ruhe verliere und zunächst analysiere, wo die Ursachen des Problems liegen, mir dann Lösungsmöglichkeiten überlege und schließlich entsprechend handele.«

BEISPIEL

Analytisches Denken

»Eine meiner Stärken ist meine analytische Vorgehensweise. Dies zeigt sich daran, dass ich komplexe Aufgabenstellungen – beispielsweise die Markteinführung einer neuen Software – in klare Teilziele untergliedern kann und so Schritt für Schritt mein anvisiertes Gesamtziel erreiche.«

Stärken erkennen und vermitteln

ÜBUNG

Im Vorstellungsgespräch will man Ihre Stärken herausfinden. Es ist nicht überzeugend, Begriffe für persönliche Stärken auswendig zu lernen und einfach dem Personalverantwortlichen an den Kopf zu werfen.

Um überzeugend zu wirken, müssen Sie drei glaubwürdige Stärken nennen können. Überlegen Sie sich Ihre positiven Eigenschaften, die kennzeichnend für Sie sind. Finden Sie für diese positiven Eigenschaften schlagkräftige Stichworte. Wenn Sie hier unsicher sind, können Sie sich an unserer Liste von Stärken im Anschluss hieran orientieren. Entscheiden Sie sich jedoch nur für Stärken, die Sie durch Beispiele aus dem Berufsalltag im Vorstellungsgespräch belegen können.

→ *Erster Schritt:* Umschreiben Sie das Stichwort, das Ihre Stärke kennzeichnet, mit einem vollständigen Satz.
→ *Zweiter Schritt:* In einem zweiten Satz nennen Sie eine konkrete Situation, anhand derer Ihre Stärke deutlich wird.

Beispiel: »Begeisterungsfähigkeit«

→ *Erster Schritt:* »Ich kann mich und andere gut für berufliche Aufgaben begeistern und dadurch motivieren.«
→ *Zweiter Schritt:* »Während der Umstrukturierung unserer Abteilung ging es darum, neue Zuständigkeiten und Verantwortlichkeiten zu definieren. Durch intensive Gespräche konnte ich meine Mitarbeiter und Kollegen für die Übernahme von mehr Verantwortung begeistern, auch wenn dies zunächst mit einem Mehr an Arbeit verbunden war.«

Jetzt können Sie durchstarten. Definieren Sie drei eigene Stärken oder wählen Sie passende aus der folgenden Liste aus.

→ Leistungsbereitschaft
→ Kontaktstärke
→ analytisches Denken
→ Einfühlungsvermögen

→ FORTSETZUNG AUF DER NÄCHSTEN SEITE

- → Kreativität/eigene Ideen
- → Kompromissbereitschaft
- → Aufgeschlossenheit
- → Risikobereitschaft
- → Verlässlichkeit
- → Entschlussbereitschaft
- → Belastungsfähigkeit
- → Kundenorientierung
- → Abschlusssicherheit
- → Innovationsfähigkeit

Die drei von Ihnen ausgewählten Stärken setzen Sie nun nach dem von uns vorgestellten Schema um.

Stärke 1
1. Schritt: ....
2. Schritt: ....

Stärke 2
1. Schritt: ....
2. Schritt: ....

Stärke 3
1. Schritt: ....
2. Schritt: ....

Schwächen taktisch benennen

Setzen Sie sich mit Ihren Schwächen auseinander

Jetzt wenden wir uns dem schwierigeren Part zu: Ihren Schwächen. Es wird von Ihnen nicht erwartet, dass Sie zerknirscht in sich gehen und selbstkritisch alle Dinge offenbaren, die Sie jemals an Ihnen gestört haben. Wichtig ist lediglich, dass Ihr Gegenüber im Vorstellungsgespräch den Eindruck gewinnt, dass Sie sich mit den Ecken und Kanten Ihrer Persönlichkeit auseinandergesetzt haben. Wenn Sie sagen: »Ich habe keine Schwächen!«, wird diese Antwort als überheblich gedeutet, und Ihnen wird mangelnde Selbstkritik unterstellt werden. Man wird sofort nachhaken, beispielsweise mit Fragen wie: »Warum sind Sie dann noch nicht Vorstandsvorsitzender bei BMW?« oder »Warum sind Ihre Arbeitszeugnisse beziehungsweise Ausbildungszeugnisse dann nur mittelmäßig?« Irgendeinen wunden Punkt hat schließlich jeder.

Nehmen Sie die Fragen ernst

Wenn Sie aufgefordert werden, Ihre Schwächen zu benennen, kommt Humor leider ebenfalls schlecht an. Antworten Sie bitte nicht: »Meine größte Schwäche ist, dass ich abends manchmal das Zähneputzen vergesse.« Denn bei »witzigen« Antworten reagieren viele Gesprächspartner im Vorstellungsgespräch eher säuerlich, zum Beispiel: »Vielen Dank für Ihre humorvolle Einlage. Wie Sie wissen, warten draußen noch weitere Bewerber, bitte beantworten Sie nun meine Frage nach Ihren Schwächen!«

Bedenken Sie an dieser Stelle die unausgesprochenen Grundregeln des Bewerbungsverfahrens:

1. **Sei niemals besser als der Personalverantwortliche – darum müssen Sie Schwächen haben!**
2. **Sei niemals fröhlicher als der Personalverantwortliche – sonst schließt man aus Ihrer fehlenden Anpassungsfähigkeit im Vorstellungsgespräch, dass Sie sich auch im Betriebsalltag nicht anpassen werden!**

Um Ihre Fähigkeit zur Selbstreflexion unter Beweis zu stellen, sollten Sie in der Lage sein, eine Schwäche von sich »zuzugeben«. Damit diese Schwäche nicht als schwerwiegender Makel erscheint, empfiehlt es sich die Darstellung der Schwäche sorgfältig aufbauen. Dabei hilf Ihnen unser Aufbauschema für die Darstellung von Schwächen:

→ ***Erster Schritt:* Benennen Sie die Schwäche in einem Satz und benutzen Sie Relativierungen, (»manchmal«, »ab und zu«, »gelegentlich«, »es kommt vor«, »früher«).**
→ ***Zweiter Schritt:* Geben Sie ein Beispiel dafür, wie sich die Schwäche in der Vergangenheit gezeigt hat.**
→ ***Dritter Schritt:* Legen Sie dar, was Sie getan haben, um Ihre Schwäche in den Griff zu bekommen.**

BEISPIEL

Direktheit

»Ich bin manchmal zu direkt und offen im Gespräch. Mit meiner Vorliebe für klare Worte habe ich manchmal Kollegen und Mitarbeiter vor den Kopf gestoßen. Heute achte ich besser darauf, dass ich den richtigen Zeitpunkt und die richtige Situation wähle, um meine Meinung zu äußern.«

Nur eine Schwäche

Achten Sie auch darauf, dass Sie bei der Frage »Nennen Sie mir drei Stärken und drei Schwächen von Ihnen!« nicht alle Ihre Schwächen aufzählen. Nennen Sie immer drei Ihrer Stärken, aber nur eine Schwäche. Weitere Schwächen sollten erst auf Nachfrage erfolgen. Hier dürfen Sie sich ausnahmsweise »etwas aus der Nase ziehen« lassen und sollten nicht unnötig loslegen. Im Folgenden finden Sie eine Übung, wie Sie überzeugend eine Schwäche von sich darstellen können.

ÜBUNG

Schwächen darstellen

Schreiben Sie zuerst mehrere Schwächen auf. Gehen Sie diese dann einzeln durch und überprüfen Sie, ob sich ausgewählte Schwächen mit unserem Schema in einer für das Vorstellungsgespräch geeigneten Weise darstellen lassen. Eine gut aufgebaute Schwäche könnte so aussehen:

- → *Erster Schritt:* »Ich bin manchmal zu abwartend.«
- → *Zweiter Schritt:* »In meiner Projektgruppe wurde mir gesagt, dass ich mich bei der Planung zukünftiger Arbeitsabläufe mehr einbringen sollte. Ich war erst überrascht, weil ich dachte, dass das stört. Ich hatte viele Ideen, aber auf eine Aufforderung gewartet, um sie vorzustellen.«
- → *Dritter Schritt:* »Heute warte ich nicht mehr so lange, ich werde schneller von mir aus aktiv.«

Jetzt zu Ihren Schwächen: Wenn Sie mehrere Schwächen gefunden haben, die in das Schema passen, sollten Sie sich zunächst für diejenige Schwäche entscheiden, die Sie bei der zukünftigen Arbeit am wenigsten behindert.

Meine Schwäche:
1. ....
2. ....
3. ....

Zur Sicherheit (nur auf Nachfrage) zwei weitere Schwächen:

Schwäche 2
1. ....
2. ....
3. ....

Schwäche 3
1. ....
2. ....
3. ....

Die eigenen Stärken und Schwächen

AUF EINEN BLICK

→ Die Frage nach den Stärken und Schwächen ist ein zentraler Punkt in vielen Vorstellungsgesprächen.

→ Aktuell gibt es in den Firmen den Trend, Stärken und Schwächen indirekt zu erfragen (»Was würde Ihr Chef sagen, wenn...?«).

→ Sie sollten im Vorstellungsgespräch drei Stärken präsentieren können.

→ FORTSETZUNG AUF DER NÄCHSTEN SEITE

→ Geben Sie Ihre Stärken nicht nur als abstraktes Schlagwort an. Stellen Sie Ihre Stärken anhand von beruflichen Beispielen dar.

→ Bereiten Sie für das Vorstellungsgespräch ebenfalls Schwächen vor, die Sie nennen können.

→ Orientieren Sie sich bei der Darstellung Ihrer Schwäche an dem folgenden Dreier-Schema:
1. Schwäche nennen.
2. Beispiel dafür geben, wie sich die Schwäche gezeigt hat.
3. Darlegen, was Sie getan haben, um die Schwäche in den Griff zu bekommen.

→ Halten Sie sich bei der Darstellung vermeintlicher Schwächen eher bedeckt. Beginnen Sie mit der Darstellung einer Schwäche, weitere Schwächen nennen Sie erst auf erneute Nachfrage.

9. Auf diese Fragen sollten Sie sich vorbereiten

Setzen Sie sich vor dem Vorstellungsgespräch mit dem jeweiligen Hintergrund der gestellten Fragen auseinander. In diesem Kapitel erläutern wir Ihnen, aus welchen Themenbereichen Ihnen Fragen gestellt werden und welche Strategien Sie mit Ihren Antworten verfolgen sollten.

Nun wenden Sie Ihr Wissen an

Mit Ihrer ausgearbeiteten Selbstpräsentation aus dem Kapitel »Warum sollten wir gerade Sie einstellen? Ihre Einstellungsargumente in Form einer Selbstpräsentation«, mit unseren Frage- und Antworttechniken und mit den Beispielen zu Stärken und Schwächen haben wir Ihnen das notwendige Rüstzeug an die Hand gegeben, um in Vorstellungsgesprächen zu überzeugen. Jetzt kommt es darauf an, dieses Wissen einzusetzen.

In den nun folgenden Fragenkomplexen warten typische Fragen

- **zur Motivation der Bewerbung,**
- **zur Firma,**
- **zur beruflichen Entwicklung,**
- **zum Selbstbild und**
- **zur privaten Lebensgestaltung**

auf Sie. Sie können die Fragenkomplexe jetzt durcharbeiten, um sich erst einmal mit den Hintergründen der Fragen vertraut zu machen oder zunächst in unser Kapitel »Die 50 häufigsten Fragen und die besten Antworten« wechseln. Dort finden Sie ausgewählte Beispielantworten, die Ihnen einerseits vor Augen führen, wie Bewerberinnen und Bewerber auf gar keinen Fall antworten sollten und Ihnen andererseits eine konkrete Vorstellung davon geben werden, welche Antwortinhalte die Entscheider auf der Firmenseite überzeugen.

Fragen zur Motivation der Bewerbung

Stellen Sie Ihre Leistungsmotivation heraus

In diesem Fragenblock will man feststellen, wie stark Ihr Wunsch ist, gerade für diese Firma beziehungsweise in dem von Ihnen angestrebten Tätigkeitsfeld zu arbeiten. Eine typische Frage wäre »Was erwarten Sie von einer Anstellung bei uns?« Auf diese Frage reichen Antworten wie »Die Aufgabe interessiert mich« oder »Ich freue mich auf die Herausforderung in Ihrer Firma« nicht aus.

Stellen Sie in Ihren Antworten Ihre bisherige Leistungsmotivation bei der Erfüllung beruflicher Aufgaben heraus, sodass sich beim Zuhörer innerlich die Überzeugung einstellt, dass eine Anstellung die konsequente Fortsetzung Ihres eingeschlagenen Berufsweges bedeuten würde. Beziehen Sie sich auf Ihre Selbstpräsentation. Legen Sie dar, wie Sie sich selbst motivieren, indem Sie sich berufliche Ziele setzen und sie auch erreichen. Lassen Sie durchklingen, dass Sie beruflich noch lange nicht alles erreicht haben, was Sie mit Ihrem Potenzial erreichen können.

Belegen Sie Ihre beruflichen Entscheidungen

Liefern Sie Beispiele dafür, wann Sie sich bewusst für die Ausrichtung Ihrer beruflichen Laufbahn entschieden haben, welche Erfolge Sie in Ihrer beruflichen Entwicklung erzielt haben und welche Ihrer fachlichen Kenntnisse und persönlichen Fähigkeiten Sie nun in der neuen Position einsetzen werden – und warum. Dazu im Folgenden wieder ein Beispiel und eine Übung, damit Sie diesen Fragenkomplex gut vorbereiten können.

BEISPIEL

Motivation im Gespräch verdeutlichen

Frage: »Was interessiert Sie an der neuen beruflichen Aufgabe?«

Antwort: »Ich möchte mich beruflich weiterentwickeln. Aufbauend auf meiner bisherigen Tätigkeit in der Verkaufsförderung möchte ich jetzt auch Aufgaben im Direktmarketing übernehmen. Für meinen jetzigen Arbeitgeber habe ich bereits ein Direktmarketing-Konzept entwickelt, das erfolgreich eingesetzt wird.«

Frage: »Wie stellen Sie sich Ihre Einarbeitung vor?«

Antwort: »Ich möchte mich möglichst schnell mit den Informations- und Entscheidungswegen in Ihrer Firma vertraut machen. Durch den Einstieg in laufende Projekte könnte ich meine Kenntnisse aus dem Produktmanagement sofort für Sie einsetzen und die Kollegen so unterstützen.«

Fragen zur Motivation

ÜBUNG

Lesen Sie sich zuerst die Fragen durch und versuchen Sie, möglichst spontan zu antworten. Auf diese Weise merken Sie, welche Fragen für Sie schwieriger zu beantworten sind. Wenn Sie sich beim Formulieren von Antworten unsicher sind, sollten Sie zuerst einmal stichwortartig aufschreiben, was in die Antwort gehört. Überlegen Sie sich zum Beispiel zu der Frage »Welche Pläne haben Sie für Ihre Weiterbildung?« die speziellen Weiterbildungsmaßnahmen, die für Ihr Berufsfeld wichtig sind.

Wichtig ist an dieser Stelle erst einmal, dass Sie sich über die Inhalte der Antworten klar werden. Formulierungshilfen und Anregungen für geeignete Antworten finden Sie später in unseren 50 Beispielfragen und Beispielantworten.

»Was erwarten Sie von einer Anstellung bei uns?«
Ihre Antwort: ....
....
....

»Was hat Sie an unserer Anzeige besonders angesprochen?«
Ihre Antwort: ....
....
....

→ FORTSETZUNG AUF DER NÄCHSTEN SEITE

»Was würden Sie am ersten Tag in unserer Firma machen?«
Ihre Antwort: ....
....
....

»Wie lange brauchen Sie für die Einarbeitungsphase?«
Ihre Antwort: ....
....
....

»Was reizt Sie an der ausgeschriebenen Position am meisten?«
Ihre Antwort: ....
....
....

»Was wollen Sie in drei/fünf/zehn Jahren erreicht haben?«
Ihre Antwort: ....
....
....

»Welche Pläne haben Sie für Ihre Weiterbildung?«
Ihre Antwort: ....
....
....

»Was brauchen Sie, um beruflich erfolgreich zu sein?«
Ihre Antwort: ....
....
....

»Wenn Sie einen Stellvertreter für sich auszusuchen hätten, welche Kenntnisse und Fähigkeiten müsste er mitbringen?«
Ihre Antwort: ....
....
....

»Warum haben Sie sich gerade bei uns beworben?«

Ihre Antwort: ....
....
....

»Können wir Sie auch in anderen Unternehmensbereichen einsetzen, wenn ja, in welchen?«
Ihre Antwort: ....
....
....

»Wo haben Sie sich sonst noch beworben?«
Ihre Antwort: ....
....
....

»Interessiert Sie auch eine andere Tätigkeit als die ausgeschriebene?«
Ihre Antwort: ....
....
....

»Würden Sie für unser Unternehmen nach Nord-, Süd-, West- oder Ostdeutschland (-europa) gehen?«
Ihre Antwort: ....
....
....

»Was machen Sie, wenn Sie diese Stelle nicht bekommen?«
Ihre Antwort: ....
....
....

»Haben Sie schon einmal mit dem Gedanken gespielt, sich selbstständig zu machen?«
Ihre Antwort: ....
....
....

→ FORTSETZUNG AUF DER NÄCHSTEN SEITE

»Seit wann haben Sie den Wunsch, eine berufliche Tätigkeit als XYZ auszuüben?«
Ihre Antwort: ....
....
....

»Wie lange werden Sie Ihrer Meinung nach in unserer Firma bleiben?«
Ihre Antwort: ....
....
....

Sie werden feststellen, dass die Antworten auf diese Fragen gründlich vorbereitet werden müssen. Im Gespräch haben Sie nicht genügend Zeit für vertiefende Reflektionen und persönliche Standortbestimmungen.

Fragen zur Firma

Setzen Sie sich gründlich mit Ihrem potenziellen Arbeitgeber auseinander

Echte Wunschkandidaten können im Vorstellungsgespräch vermitteln, dass sie in zweifacher Weise in das Unternehmen passen: Sie machen deutlich, dass sie sowohl auf die neue Stelle als auch in die neue Firma passen. Um das zu überprüfen, stellen die Entscheider auf der Firmenseite nicht nur Fragen zum neuen Arbeitsplatz, sondern auch zur Firma, beispielsweise zu den Produkten oder Dienstleistungen der Firma oder zur geschäftlichen Entwicklung der vergangenen Jahre. Bewerber, die allgemein zugängliche Kennzahlen der neuen Firma nicht parat haben, sorgen für Missstimmung. Wer Fragen nach den bekanntesten Produkten, den typischen Dienstleistungen, nach der Anzahl der Beschäftigten, nach Umsätzen der vergangenen Jahre oder nach weiteren Firmenstandorten nicht beantworten kann, disqualifiziert sich selbst.

Im Zeitalter des Internets ist es viel leichter geworden, aktuelle Informationen über Unternehmen zu bekommen – nutzen Sie diese Möglichkeit! Auf den Homepages der Unternehmen, Verbände und Organisationen finden Sie vielfältige

Informationen, beispielsweise zu künftigen Wachstumsfeldern, über die Marktposition, zu Auslandsmärkten und über die Kundenstruktur. Insbesondere in großen Konzernen liefern Ihnen Menüpunkte wie »Investor Relations«, »Corporate News« oder »Geschäftsberichte« wertvolle Informationen. Zusätzlich sollten Sie sich mit dem Unternehmensleitbild (der Corporate Identity) auseinandersetzen. Typische Fragen können Sie mit unserer nachfolgenden Übung trainieren.

Zum Teil werden die Fragen zum Unternehmen auch eingesetzt, um Ihre Auffassungsgabe zu überprüfen. Dazu werden Ihnen am Anfang des Gespräches Informationen gegeben, die später abgefragt werden. Sie müssen auch hier mit Ihren Antworten vermitteln, dass Sie sich gerade bei Ihrem Wunscharbeitgeber befinden und nicht bei einem Unternehmen zweiter Wahl. Sonst verspielen Sie wichtige Sympathiepunkte.

Fragen zur Firma

ÜBUNG

Um die Fragen zum Unternehmen beantworten zu können, benötigen Sie Informationen. Recherchieren Sie direkt auf der Firmenhomepage und geben Sie den Firmennamen in Suchmaschinen ein, um beispielsweise Presseberichte auszuwerten. Versuchen Sie, so viele Informationen über das Unternehmen wie möglich in Ihre Antworten einfließen zu lassen. Ihre Antworten sollten Sie bei Ihrer Vorbereitung schon ausformulieren, damit Sie im Bewerbungsgespräch nicht in ein bloßes Faktenaufzählen verfallen.

»Was wissen Sie über unsere Firma?«
Ihre Antwort: ....
....
....

»Kennen Sie unsere Produkte/Dienstleistungen? Was interessiert Sie daran?«
Ihre Antwort: ....
....
....

→ FORTSETZUNG AUF DER NÄCHSTEN SEITE

»Wissen Sie, wer unsere stärksten Mitbewerber sind?«
Ihre Antwort: ....
....
....

»Können Sie uns drei Produkte unserer Mitbewerber nennen?«
Ihre Antwort: ....
....
....

»Kennen Sie unsere weiteren Standorte (Deutschland, Europa, weltweit)?«
Ihre Antwort: ....
....
....

»Wissen Sie, wie viele Mitarbeiter wir beschäftigen?«
Ihre Antwort: ....
....
....

»Kennen Sie unseren Jahresumsatz?«
Ihre Antwort: ....
....
....

»Was wissen Sie über unsere Branche?«
Ihre Antwort: ....
....
....

»Welchen Eindruck haben Sie von unserer Firma?«
Ihre Antwort: ....
....
....

Die Suche nach umfassenden Informationen über Ihren neuen Arbeitgeber ist ein wichtiger Punkt in Ihrer Gesprächsvorbereitung. Sie müssen Ihr Interesse an der neuen Firma deutlich machen, sonst schwindet das Interesse an Ihnen.

Fragen zur beruflichen Entwicklung

Die Frage »Würden Sie wieder den gleichen Berufsweg gehen?« ist geeignet, um festzustellen, wie stark Sie sich mit Ihrem Beruf identifizieren. Verweisen Sie auf besondere Kenntnisse und Fähigkeiten, die Sie während Ihrer Berufslaufbahn erworben haben, und beschreiben Sie, wie Sie diese Kenntnisse und Fähigkeiten im Berufsalltag praktisch eingesetzt haben. Dies dokumentiert Ihr Interesse und Ihre Begeisterung für Ihr Berufsfeld.

Dokumentieren Sie Ihr Interesse für Ihr Berufsfeld

Auch die Beschäftigung mit neuen Entwicklungen und aktuellen Tendenzen in Ihrem Berufsfeld ist gerne gesehen. Dies sollten Sie durch das Lesen von Fachzeitschriften oder Fachbüchern, die Teilnahme an passenden Seminaren, den Besuch von Kongressen belegen können. Der Blick über das Tagesgeschäft hinaus ist eine Motivation, die für Sie spricht. Es wird vermutet, dass der, der Eigeninitiative zeigt und sich für seine berufliche Entwicklung einsetzt, sich auch am neuen Arbeitsplatz überdurchschnittlich engagieren wird.

Wenn Ihre berufliche Entwicklung durch ungeplante Stellenwechsel, eine Kündigung mit anschließender Arbeitslosigkeit unterbrochen wurde, wird man im Gespräch feststellen wollen, wie Sie diesen Bruch verkraftet haben und wie Sie reagiert haben, wenn im Berufsleben einmal nicht alles wie geplant verläuft.

Zeigen Sie, wie Sie Probleme am Arbeitsplatz bewältigen

Rechnen Sie damit, dass Sie bei häufigem Wechsel des Arbeitgebers mit Stressfragen wie »Geben Sie bei Problemen immer so schnell auf?« konfrontiert werden. Versuchen Sie nicht, die Schuld an Problemen am alten Arbeitsplatz auf Vorgesetzte und Kollegen zu schieben, um selbst besser dazustehen. Auch zu viel Ehrlichkeit ist bei solchen Fragen kontraproduktiv. Im Kapitel »Gute Gründe für den Stellenwechsel« können Sie nachlesen, auf welche Weise Sie Probleme am alten Arbeitsplatz im Vorstellungsgespräch darstellen sollten, um nicht in ein schiefes Licht zu geraten.

Achten Sie bei der Darstellung Ihrer beruflichen Entwicklung darauf, dass Sie eine Entwicklungslinie in Richtung der neuen Position plausibel machen. Beachten Sie hierbei, dass Sie eine Entwicklung niemals dadurch deutlich machen, indem Sie auf verpasste Chancen, Krisen und Brüche in Ihrer Berufslaufbahn eingehen. Sehr viele Bewerber suchen zuallererst Rechtfertigungen dafür, dass alles nicht so richtig gelaufen ist. Aus unserer Beratungstätigkeit wissen wir jedoch, dass alle Bewerber es mit etwas Übung schaffen, die vorhandenen beruflichen Stationen mit konkreten Beispielen auszufüllen und einen roten Faden der beruflichen Entwicklung zu knüpfen.

Stehen Sie zu Ihrer beruflichen Entwicklung

Dieser rote Faden darf auch einmal in ungeplanten Zick-Zack-Bewerbungen verlaufen. Wesentlich ist für die Entscheider auf der Firmenseite, ob Sie selbst im Großen und Ganzen zu Ihrer bisherigen beruflichen Entwicklung stehen. Weinen Sie noch heute verpassten Chancen nach? Oder haben Sie das Beste aus der jeweiligen Situation gemacht?

Beachten Sie bei Antworten auf Fragen wie »Was hat Sie im Beruf besonders enttäuscht?« oder »Was war Ihr größter Misserfolg im Beruf?« die Grundregeln der »Problemkommunikation«:

1. **Schildern Sie grundsätzlich kurz, was Sie als problematisch erlebt haben.**
2. **Verdeutlichen Sie, wie Sie diese Probleme aktiv bewältigt haben.**

Allgemeine Statements zur Abschaffung des hierarchischen Betriebsablaufes in Großunternehmen helfen hier nicht weiter. Auch der Verweis auf die mangelhafte Personalentwicklung und Mitarbeiterförderung in Zeiten von Wirtschaftskrisen, feindlichen Firmenübernahmen oder Entlassungswellen ist problematisch.

Stellen Sie Ihre berufliche Entwicklung als konsequenten Weg dar

Zusammenfassend lässt sich festhalten, dass Sie den Fragenblock zur beruflichen Entwicklung dann überzeugend bestehen, wenn Sie Ihren Gesprächspartnern verdeutlichen, dass Sie Ihre Neigungen und Interessen – früher oder später – erkannt, dann konsequent verfolgt und im Beruf ausgebaut haben, wobei Sie in der Lage waren, Hindernisse aus dem Weg zu räumen und auch gelegentliche Rückschläge zu verkraften.

Fragen zur beruflichen Entwicklung

ÜBUNG

Bei Ihrer Beschäftigung mit den Fragen zur beruflichen Entwicklung sollten Sie trainieren, Ihren Werdegang schlüssig darzustellen. Verzichten Sie auf die detaillierte Schilderung von Krisen, Problemen und Brüchen. Personalverantwortliche wollen eine generelle Zufriedenheit mit Ihrem Berufsweg erkennen. Da Sie nach Frustrationen und Enttäuschungen gefragt werden, sollten Sie sich Erlebnisse überlegen, die für Ihre berufliche Entwicklung keine große Bedeutung hatten. Beispiel:

Frage: »Was hat Sie im Beruf besonders enttäuscht?«
Antwort: »Ich bin mit meinem Beruf zufrieden. Vielleicht wäre es schön gewesen, einmal eine Zeit lang im Ausland zu arbeiten, aber ich konnte meine berufliche Entwicklung auch in Deutschland vorantreiben.«

Die nun folgenden Fragen sollten Sie in Ruhe bearbeiten und für sich selbst schlüssige Antworten finden. Auch zu diesem Fragenkomplex werden Sie später im Kapitel »Die 50 häufigsten Fragen und die besten Antworten« Beispielantworten finden.

»Aus welchen Gründen haben Sie sich für Ihren Beruf entschieden?«
Ihre Antwort: ....
....
....

»Welche Fort- oder Weiterbildung möchten Sie noch absolvieren?«
Ihre Antwort: ....
....
....

→ FORTSETZUNG AUF DER NÄCHSTEN SEITE

»Gibt es eine innere Logik hinter Ihrem bisherigen beruflichen Werdegang?«

Ihre Antwort: ....

....

....

»Warum haben Sie Ihre Arbeitgeber so oft gewechselt?«

Ihre Antwort: ....

....

....

»Warum sind Sie arbeitslos geworden?«

Ihre Antwort: ....

....

....

»Wie haben Sie sich auf die beruflichen Anforderungen in Ihrer bisherigen Position vorbereitet?«

Ihre Antwort: ....

....

....

»Würden Sie wieder den gleichen Beruf wählen?«

Ihre Antwort: ....

....

....

»An welche zwei Erfolge in Ihrer Berufstätigkeit erinnern Sie sich besonders gern?«

Ihre Antwort: ....

....

....

»Was hat Sie bei Ihrem bisherigen Arbeitgeber am meisten frustriert?«

Ihre Antwort: ....

....

....

»Was hat Ihnen an Ihrer alten Stelle besonders gefallen, und was nicht?«
Ihre Antwort: ....
....
....

»Welche beruflichen Tätigkeiten mochten Sie besonders, welche nicht und warum?«
Ihre Antwort: ....
....
....

»Fühlten Sie sich an Ihrem alten Arbeitsplatz gerecht beurteilt?«
Ihre Antwort: ....
....
....

»Was hat Sie im Beruf besonders enttäuscht?«
Ihre Antwort: ....
....
....

»Was waren die Gründe für Ihre guten Beurteilungen?«
Ihre Antwort: ....
....
....

»Warum haben Sie so schlechte Arbeitszeugnisse?«
Ihre Antwort: ....
....
....

»Welche Weiterbildungen haben Sie neben Ihrer Berufstätigkeit freiwillig absolviert?«
Ihre Antwort: ....
....
....

→ FORTSETZUNG AUF DER NÄCHSTEN SEITE

»Welche Kenntnisse und Fähigkeiten haben Sie sich außerhalb Ihrer Berufstätigkeit angeeignet?«
Ihre Antwort: ....
....
....

Sie sind im Bewerbungsgespräch nicht dazu verpflichtet, sich selbst anzuklagen. Geben Sie auch niemals anderen die Schuld an Fehlentwicklungen. Dies würde in der Konsequenz immer negativ auf Sie zurückfallen. Schildern Sie lieber – kurz und knapp – nachvollziehbare Gründe für Brüche oder schwächere Leistungen. Zeigen Sie dann die schlüssigen Entwicklungslinien in Ihrem Werdegang auf, stellen Sie Ihre positiven Seiten in den Vordergrund.

Fragen zum Selbstbild

Formulieren Sie positiv

Die Erfahrung bestätigt immer wieder, dass Bewerberinnen und Bewerber, die über eine realistische Einschätzung ihrer eigenen Person verfügen, mit den Anforderungen des sozialen Umfelds am neuen Arbeitsplatz besser klarkommen. Daher werden Ihnen von Personalverantwortlichen Fragen zu Ihrem Selbstbild gestellt, und die Antworten werden anschließend häufig mit Kontrollfragen überprüft.

Bei den Fragen nach Ihrem Selbstbild geht es sowohl um das Bild, das Sie von sich im Umgang mit anderen Menschen haben als auch darum zu erfahren, wie Sie Ihre individuellen Stärken und Schwächen einschätzen.

Wir haben es oft erlebt, dass Bewerber bei der Fragenkombination »Erinnern Sie sich an Ihren schlechtesten Vorgesetzten? Was hat Sie am meisten an ihm gestört?« plötzlich einen feuerroten Kopf bekamen und wahre Hasstiraden auf ehemalige Vorgesetzte losließen. Dies sollten Sie im Vorstellungsgespräch selbstverständlich nicht tun. Denn damit rücken Sie sich als Person und nicht etwa Ihren ehemaligen Vorgesetzten in ein schlechtes Licht.

Allgemein formulieren

Grundsätzlich gilt hier, dass Bewerber bei Fragen nach Konflikten am alten Arbeitsplatz immer abstrahieren sollten. Im Gegensatz zu Ihren sonstigen Antworten auf Fragen im Vorstellungsgespräch, bei denen wir ja durchgehend konkrete Beispiele und Belege von Ihnen einfordern, dürfen Sie hier ausdrücklich einmal bewusst allgemein formulieren.

Zum Beispiel können Sie sagen: »Es ist immer schwierig, wenn wichtige Informationen zurückgehalten werden« oder »Unsachliche Kritik, die mit persönlichen Angriffen verbunden ist, stört mich«. Wenn hier nachgefragt wird, geben Sie jeweils kurze Beispiele für derartige Konfliktsituationen, und erläutern, wie Sie die Konflikte aufgelöst haben.

Konzentrieren Sie sich auf Ihre Stärken

Auf Fragen nach Ihren Stärken oder Schwächen sind Sie ja bereits vorbereitet. Die Fragen »Wie würde Ihr bester Freund Sie beschreiben?« oder »Welche Eigenschaften müsste Ihr Stellvertreter mitbringen?« zielen in die gleiche Richtung: Es geht um eine Charakterisierung Ihrer eigenen Person und um Ihre Selbstreflexion. Nennen Sie die fachlichen Kenntnisse und persönlichen Fähigkeiten, die Sie für die ausgeschriebene Position mitbringen.

Die Zielrichtung der Frage »Könnten Sie sich, wenn Sie eine Weile bei einem anderen Arbeitgeber gearbeitet hätten, eine Rückkehr zu Ihrem jetzigen Arbeitsplatz vorstellen?« ist klar: Man will wissen, ob Sie an Ihrem Arbeitsplatz unter hohem Druck stehen und ihn auf jeden Fall verlassen wollen.

BEISPIEL

Rückkehr zum alten Arbeitgeber

Frage: »Könnten Sie sich, wenn Sie eine Weile bei einem anderen Arbeitgeber gearbeitet hätten, eine Rückkehr zu Ihrem jetzigen Arbeitsplatz vorstellen?«

Antwort: »Die neue Position in Ihrer Firma ermöglicht mir, meine Kenntnisse und Fähigkeiten in den Bereichen X und Y schwerpunktmäßig einzusetzen. Mein alter Arbeitgeber hat keine derartige Position für mich, eine Rückkehr wäre mit dem Verlust der Tätigkeiten X und Y verbunden und erscheint mir daher nicht sinnvoll für mich.«

Antworten auf Fragen nach der Bedeutung von Arbeit und Freizeit und zu Erfolg oder Misserfolg sollten Sie vor dem Vorstellungsgespräch für sich geklärt haben. Im Mittelpunkt Ihrer Antworten sollte dabei stets der Bezug zur Berufstätigkeit stehen.

BEISPIEL

Bedeutung von Arbeit

Frage: »Was bedeutet Arbeit für Sie?«

Antwort: »Arbeit bedeutet für mich, mir Ziele zu setzen und diese Ziele zu erreichen, so habe ich bisher ... (Teile aus Ihrer Selbstpräsentation)«

Erfolg

Frage: »Was bedeutet Erfolg für Sie?«

Antwort: »Aus meiner Sicht bin ich dann erfolgreich, wenn es mir gelingt, private und berufliche Ziele gleichermaßen zu erreichen. Arbeit ist für mich auch immer eine Möglichkeit der Selbstbestätigung, und beruflicher Erfolg strahlt positiv in mein Privatleben aus.«

Misserfolg

Frage: »Was bedeutet Misserfolg für Sie?«

Antwort: »Misserfolge gehört im Arbeitsleben leider manchmal dazu, dann fühle ich mich aber erst recht gefordert. Wenn ich ein angestrebtes Ziel nicht erreicht habe, überprüfe ich die Zielsetzung erneut und analysiere die Störfaktoren. So gelang es mir beispielweise erst nach einer Modifikation der Vertriebs- und Marketingstrategie, unsere Produktlinie erfolgreich auf dem polnischen Markt einzuführen.«

ÜBUNG

Fragen zum Selbstbild

In dieser Übung erwarten Sie einige Fragen, deren Sinn und Zweck nicht auf den ersten Blick deutlich wird. Manche dieser Fragen werden von Personalverantwortlichen eingesetzt, um Bewerber kurzfristig zu verunsichern. Bei den meisten Fragen geht es aber darum, wie Sie mit anderen Menschen zusammenarbeiten, welchen Arbeitsstil Sie bevorzugen und wie Sie sich selbst sehen.

Achten Sie bei Fragen nach inneren oder äußeren Konflikten darauf, dass Sie nicht zu tief in die Beschreibung von Krisen geraten. Hier sollten Sie in den Mittelpunkt Ihrer Antworten stellen, dass Ihr Umgang mit anderen und sich selbst im Allgemeinen reibungslos verläuft.

»Wie holen Sie sich aus seelischen Krisen heraus?«
Ihre Antwort: ....
....
....

»Was war in Ihrem Leben die schwierigste Entscheidung?«
Ihre Antwort: ....
....
....

»Kennen Sie beruflich erfolgreiche Menschen?«
Ihre Antwort: ....
....
....

»Wie wirken Kritik und Anerkennung auf Sie?«
Ihre Antwort: ....
....
....

»Wie reagieren Sie bei ungerechtfertigter Kritik?«
Ihre Antwort: ....
....
....

→ FORTSETZUNG AUF DER NÄCHSTEN SEITE

»Wenn Sie noch einmal von vorn anfangen könnten, was würden Sie anders machen?«
Ihre Antwort: ....
....
....

»Was bedeutet Arbeit für Sie? Was Freizeit?«
Ihre Antwort: ....
....
....

»Was würden Sie tun, wenn Sie mehr Freizeit hätten?«
Ihre Antwort: ....
....
....

»Was bedeutet Erfolg für Sie? Was Misserfolg?«
Ihre Antwort: ....
....
....

»Wie verhalten Sie sich in unangenehmen Situationen?«
Ihre Antwort: ....
....
....

»Arbeiten Sie lieber allein oder lieber im Team?«
Ihre Antwort: ....
....
....

»Welche Eigenschaft stört Sie an Menschen am meisten?«
Ihre Antwort: ....
....
....

»Könnten Sie sich, wenn Sie eine Weile bei einem anderen Arbeitgeber gearbeitet hätten, eine Rückkehr auf Ihren jetzigen Arbeitsplatz vorstellen?«
Ihre Antwort: ....
....
....

»Wie, glauben Sie, schätzen andere Menschen Sie ein?«
Ihre Antwort: ....
....
....

»Wenn wir Ihren besten Freund fragen würden, wie würde er Sie beschreiben?«
Ihre Antwort: ....
....
....

»Wenn Sie einen Stellvertreter für sich auszusuchen hätten, welche Eigenschaften müsste er mitbringen?«
Ihre Antwort: ....
....
....

»Welche Eigenschaften müsste Ihr idealer Vorgesetzter mitbringen?«
Ihre Antwort: ....
....
....

»Erinnern Sie sich an Ihren schlechtesten Vorgesetzten. Was hat Sie am meisten an ihm gestört?«
Ihre Antwort: ....
....
....

→ FORTSETZUNG AUF DER NÄCHSTEN SEITE

»Nennen Sie mir bitte drei Stärken und drei Schwächen von Ihnen!«
Ihre Antwort: ....
....
....

»Was tun Sie lieber: zuhören oder reden?«
Ihre Antwort: ....
....
....

»Was ist Ihre größte Stärke? Und was Ihre größte Schwäche?«
Ihre Antwort: ....
....
....

»Welchen Führungsstil bevorzugen Sie?«
Ihre Antwort: ....
....
....

»Welche Erwartungen haben Sie an zukünftige Kollegen?«
Ihre Antwort: ....
....
....

»Was hat Sie an bisherigen Kollegen am meisten gestört?«
Ihre Antwort: ....
....
....

»Was tun Sie, wenn Ihr Vorgesetzter Ihre Vorschläge immer wieder ablehnt?«
Ihre Antwort: ....
....
....

Fragen zur privaten Lebensgestaltung

Bessere Leistungen durch ein stabiles Umfeld

In den Unternehmen herrscht die Meinung vor, dass Kandidaten, die über ein stabiles soziales Umfeld verfügen, dauerhaft bessere Leistungen erbringen. Zu diesem sozialen Umfeld gehören beispielsweise Lebenspartner beziehungsweise Ehepartner, ein Freundes- oder Bekanntenkreis, aber auch Sportvereine oder ehrenamtliches Engagement.

Werden Bewerber in Vorstellungsgesprächen mit Fragen dieser Art konfrontiert werden, besteht die Gefahr, dass derart stark aus dem Freizeitbereich heraus argumentiert wird, dass Zweifel am beruflichen Engagement aufkommen. Viele Personalverantwortliche reagieren ablehnend auf Bewerber, die ihrer Meinung nach zu viel Energie in die Gestaltung der Freizeit stecken, weil dies zu Lasten der Energie für das Berufsleben gehen soll.

Auch Ihr Privatleben zählt

Sie müssen dennoch nicht auf die Darstellung Ihrer Hobbys verzichten. Zeigen Sie, dass Sie auch außerhalb des Berufs wissbegierig, lernfähig und verantwortungsbewusst sind. Vermeiden Sie dabei jedoch den Eindruck, vorrangig bei Freizeitthemen zur Höchstform aufzulaufen. Zügeln Sie Ihre Begeisterung gegebenenfalls etwas, denn bei vielen Hobbys kommen die Emotionen automatisch mit ins Spiel. Dies verführt zum Viel- und Dauerreden. Begeisterte Monologe zum Thema »Meine Reisen durch Australien « ermüden manche Personalverantwortliche schnell und lassen sie vermuten, dass es nicht gerade die Arbeit ist, die Sie vorrangig begeistert.

Das Losungswort, das Sie bei diesem Fragenkomplex weiterbringt, heißt »aktive Entspannung«. Sie überzeugen hier, wenn Sie auf Freizeitaktivitäten verweisen, die Sie für die täglichen Anforderungen in Ihrem Beruf fit halten. Zweimal in der Woche Joggen oder Tennis spielen, Besuche im Fitnessstudio, lange Spaziergänge, um richtig abzuschalten, oder Radtouren mit Freunden oder der Familie sind gute Beispiele, um Ihre Fähigkeit zur aktiven Entspannung zu zeigen.

Bewerber, die sich ehrenamtlich engagieren, können Ihre Freizeitaktivitäten im Vorstellungsgespräch ebenfalls positiv darzustellen. Wer Turniere im Sportverein vorbereitet oder Ausflüge der Jugendmannschaften organisiert zeigt, dass er auch privat bereit ist, Verantwortung zu übernehmen und zu gestalten. Diese Eigenschaften sind im Berufsleben genauso gefragt.

BEISPIEL

Engagement im Sportverein

Frage: »Engagieren Sie sich auch in der Freizeit für Dinge, die Ihnen am Herzen liegen?«

Antwort: »Ich finde es wichtig, sich privat zu engagieren. Im sportlichen Bereich habe ich als zweiter Vorsitzender des örtlichen Sportvereins dafür gesorgt, dass den Jugendlichen etwas angeboten wird. Ich habe den Bau eines Volleyballfeldes auf dem vereinseigenen Sportgelände initiiert und eine Jugendsparte Volleyball gegründet, die von den älteren Jugendlichen selbst geleitet wird.«

Bleiben Sie offen, aber überlegt

Die Angaben über Ihren Familienstand im Lebenslauf sagen wenig über Ihr Privatleben aus. Weisen Sie Fragen nach Ihrer weiteren Familien- und Lebensplanung nicht mit der Bemerkung »Das geht keinen etwas an!« oder »Sie kennen wohl das AGG nicht? Solche Fragen sind schließlich verboten!« zurück (Lesen Sie dazu auch das Kapitel »Was tun bei unzulässigen Fragen«). Sie zeigen durch überlegte Antworten auf Fragen wie »Was denkt Ihr Lebenspartner über Ihren beruflichen Wechselwunsch?«, dass Sie sich mit den zu erwartenden Veränderungen Ihres Privatlebens schon im Vorfeld gründlich auseinander gesetzt haben und nicht erst damit beginnen, wenn die neue Firma Ihnen einen Arbeitsvertrag anbietet. Dies ist besonders wichtig, wenn die berufliche Veränderung mit einem Umzug verbunden ist.

Unsichere Antworten lassen hier die Befürchtung aufkommen, dass ein Lebenspartner noch nichts über die neue Stelle weiß und die anstehende Entscheidung damit noch beeinflussen könnte. Damit verschlechtern Bewerber ihre Position gegenüber anderen Mitbewerbern aber deutlich. Je überzeugender Sie darlegen können, dass Ihr Lebenspartner Sie beim Erreichen beruflicher Ziele unterstützt und umgekehrt, desto besser sind Ihre Karten.

ÜBUNG

Fragen zum Privatleben

Die Fragen zum Privatleben dienen einerseits dazu, die Gesprächssituation zu entspannen. Sie werden aber auch eingesetzt, um Ihre bereits gemachten Angaben in den anderen Frageblöcken zu überprüfen.

Wenn Sie sich zum Beispiel als beruflichen Teamplayer darstellen, Ihre Freizeit jedoch ausschließlich allein beim Angeln verbringen, wird dies Personalverantwortliche stutzig machen. Achten Sie deshalb darauf, dass Ihre Angaben zu Ihrem Verhalten gegenüber Kollegen und Mitarbeitern den Antworten gleichen, die Sie zum Umgang mit Freunden und Bekannten in Ihrer Freizeit geben.

Generell sollten Sie darauf achten, dass deutlich wird, dass Sie in einem stabilen sozialen Umfeld leben und sich auch in Ihrer Freizeit engagieren.

»Sind Sie Mitglied in einem Verein?«
Ihre Antwort: ....
....
....

»Welche Zeitungen/Zeitschriften lesen Sie?«
Ihre Antwort: ....
....
....

»Welches Buch haben Sie zuletzt gelesen?«
Ihre Antwort: ....
....
....

»Was denkt Ihr Lebenspartner über Ihren Beruf?«
Ihre Antwort: ....
....
....

→ FORTSETZUNG AUF DER NÄCHSTEN SEITE

»Welchen Beruf übt Ihre Lebenspartnerin aus?«
Ihre Antwort: ....
....
....

»Welche Unterstützung bekommen Sie von Ihrem Lebenspartner für Ihren Beruf?«
Ihre Antwort: ....
....
....

»Wie sieht Ihre private Lebensplanung aus?«
Ihre Antwort: ....
....
....

»Was machen Sie in Ihrer Freizeit?«
Ihre Antwort: ....
....
....

»Was haben Sie in der letzten Woche in Ihrer freien Zeit gemacht?«
Ihre Antwort: ....
....
....

»Welche Hobbys haben Sie?«
Ihre Antwort: ....
....
....

»Sind Sie in Ihrer Freizeit lieber allein oder ziehen Sie die Geselligkeit in der Gruppe vor?«
Ihre Antwort: ....
....
....

»Welchen Film haben Sie zuletzt gesehen?«
Ihre Antwort: ....
....
....

»Gehen Sie gern ins Kino/Theater/Museum/Konzert?«
Ihre Antwort: ....
....
....

»Reisen Sie im Urlaub gerne oder verbringen Sie Ihre Zeit lieber zu Hause?«
Ihre Antwort: ....
....
....

»Wie entspannen Sie sich?«
Ihre Antwort: ....
....
....

»Treiben Sie Sport? Wenn ja, welchen, und wenn nein, warum nicht?«
Ihre Antwort: ....
....
....

»Haben Sie schon einmal über ehrenamtliches Engagement nachgedacht?«
Ihre Antwort: ....
....
....

»Liegt Ihnen außerhalb Ihres Berufes noch etwas am Herzen?«
Ihre Antwort: ....
....
....

→ FORTSETZUNG AUF DER NÄCHSTEN SEITE

»Zu welchen Freizeitaktivitäten würden Sie Ihre Kinder anregen?«

Ihre Antwort: ....

....

....

Der Bewerber als Privatperson ist für Personalverantwortliche hauptsächlich deshalb interessant, weil durch sein Freizeitverhalten Rückschlüsse auf das Verhalten in der Firma gezogen werden können.

AUF EINEN BLICK

Auf diese Fragen sollten Sie sich vorbereiten

→ Im Vorstellungsgespräch müssen Sie mit Fragen aus diesen Bereichen rechnen:
- Ihre Motivation der Bewerbung
- die neue Firma
- Ihre berufliche Entwicklung
- Ihr Selbstbild
- Ihre private Lebensgestaltung

→ Mit Fragen zur Motivation der Bewerbung soll überprüft werden, wie ernsthaft Sie sich mit Ihrer beruflichen Zukunft auseinandergesetzt haben und warum Sie bei gerade dieser Firma arbeiten möchten.

→ Die Fragen zur neuen Firma dienen dazu, festzustellen, ob und wie umfassend Sie sich über Ihren möglichen neuen Arbeitgeber informiert haben.

→ Fragen zu Ihrer beruflichen Entwicklung werden Ihnen gestellt, um aus Ihrer beruflichen Vergangenheit eine Prognose für die Zukunft im neuen Unternehmen herleiten zu können.

- → Die Fragen zu Ihrem Selbstbild sollen Rückschlüsse auf Ihren Umgang mit Vorgesetzten und Kollegen erlauben.

- → Ihre private Lebensgestaltung interessiert Personalverantwortliche, weil ein stabiles Privatleben als Voraussetzung für berufliche Leistungsfähigkeit angesehen wird.

10. Fragen, die Sie stellen sollten

In diesem Kapitel erfahren Sie, warum von Bewerbern erwartet wird, dass sie konkrete eigene Vorstellungen von der zukünftigen beruflichen Position in das Vorstellungsgespräch einfließen lassen.

Informieren Sie sich umfassend über Ihren potenziellen Arbeitgeber

Karriereplanung ist ein langwieriger Prozess, der am erfolgreichsten ist, wenn er auf möglichst vielen Informationen beruht. In der Fachsprache der Personalexperten heißt das Schlagwort dazu »realistische Tätigkeitsvorausschau«. Es hat sich in der Praxis gezeigt, dass Bewerber, die sich umfassend über den neuen Arbeitgeber und Arbeitsplatz informiert haben, in der neuen Position mehr Frustrationstoleranz und Ausdauer zeigen als Bewerber, die mit weniger Vorwissen in die neue Firma hineinstolpern.

Ihre Fragen, bitte!

Aus unserer Erfahrung können wir bestätigen, dass Ihre Fragen an die Firma für Sie enorm wichtig sind. Wechseln Sie auf keinen Fall die Stelle nach der Devise »Hauptsache irgendwas Neues«. Wenn es nach zwei Wochen in der neuen Position kriselt, weil Sie nicht wussten, dass die Position für Sie neu geschaffen wurde und Sie nun ohne Ansprechpartner für die Einarbeitung zwischen allen Hierarchiestufen hängen, haben Sie ein echtes Problem. Der Weg zurück ist verbaut, und Sie müssen dem nächsten Arbeitgeber erklären, warum Sie schon wieder wechseln wollen.

Bereiten Sie Ihre Fragen gründlich vor

Bereiten Sie Ihren Stellenwechsel daher durch gezielte Fragen im Vorstellungsgespräch so gründlich wie möglich vor. Verärgern Sie jedoch Ihre Gesprächspartner nicht dadurch, dass Sie womöglich gleich zu Beginn des Gesprächs einen Fragenkatalog aus der Tasche ziehen und Frage für Frage abhaken. Wenn Sie erkennen, dass Sie sich in einer weniger strukturierten Phase des Vorstellungsgespräches befinden, können Sie einzelne Fragen einfließen lassen. Ansonsten stellen Sie Ihre Fragen am besten im letzten Drittel des Bewerbungsgespräches.

Aber beginnen Sie nicht mit Fragen nach der Gleitzeit, den Urlaubstagen, der Abgeltung von Überstunden, der privaten Nutzung des Pkw oder sozialen Extraleistungen. Diese Fragen sind natürlich auch wichtig, sollten aber aus taktischen Gründen später gestellt werden. Beginnen Sie besser mit den Fragen, die für Sie bei der Ausübung Ihrer neuen beruflichen Tätigkeit von Interesse sind.

Bewerberfragen

ÜBUNG

Markieren Sie in der folgenden Liste die Fragen, die Sie für besonders wichtig halten. Diese Fragen sollten Sie, ergänzt durch eigene Fragen, auf einem Extrablatt notieren, das Sie zum Bewerbungsgespräch mitnehmen.

- → Wie groß ist das Team, in dem ich arbeiten werde?
- → Kann ich meinen Arbeitsplatz vorher sehen?
- → Wie ist die Einarbeitung geplant?
- → Wer ist während der Einarbeitungsphase mein Ansprechpartner?
- → Wer ist mein direkter Vorgesetzter?
- → Gibt es die Möglichkeit, ihn vorher kennen zu lernen?
- → Welchen fachlichen Hintergrund hat er?
- → Wurde die ausgeschriebene Position neu geschaffen?
- → Wenn nicht: Wie lange hat mein Vorgänger auf dieser Position gearbeitet und wo ist er jetzt? (Bei kurzer Dauer: Wie lange der Vorgänger des Vorgängers?)
- → Wie ist die Position in die betriebliche Organisation und Hierarchie eingegliedert?
- → Mit welchen Abteilungen oder Bereichen werde ich besonders eng zusammenarbeiten?
- → Gibt es einen Organisationsplan des Unternehmens?
- → In welchem Verhältnis steht etwa der Zeitaufwand für die wesentlichen Aufgaben meiner Position (z. B. zeitliche An-

→ FORTSETZUNG AUF DER NÄCHSTEN SEITE

teile von Beratung, Verkauf und Service oder Innen-/Außendienst)?
- Welchen Anteil haben Dienstreisen an meiner Tätigkeit?
- Welche Weiterbildungsmöglichkeiten gibt es?
- Wie und in welchen Zeitabständen werden Mitarbeiterbeurteilungen durchgeführt?
- Wie hoch ist das Gehalt? Gibt es außertarifliche Leistungen?
- Gibt es eine zusätzliche betriebliche Altersvorsorge?
- Gibt es eine Firmenkantine?
- Wie sieht der Sozialraum für das Frühstück aus?
- Wird ein Firmenwagen gestellt? Wie wird die private Nutzung abgerechnet?
- Wie ist die Arbeitszeit geregelt? (Gleitzeit?)
- Wie wird mit Überstunden verfahren (Freizeitausgleich oder extra Bezahlung)?
- Wie viele Tage umfasst der Jahresurlaub?

AUF EINEN BLICK

Fragen, die Sie stellen sollten

- Es wird von Ihnen erwartet, dass Sie im Vorstellungsgespräch eigene Fragen stellen.
- Ihre Fragen sind wichtig, damit das Vorstellungsgespräch nicht zum Schlagabtausch, sondern zum Dialog wird.
- Mit den richtigen Fragen dokumentieren Sie Ihr nachhaltiges Interesse am neuen Arbeitsplatz.
- Überlegen Sie sich vor Ihrem Vorstellungsgespräch einige Fragen. Schreiben Sie diese Fragen auf und stellen Sie sie an passender Stelle.

- → Sie punkten im Vorstellungsgespräch, wenn Sie zunächst Fragen stellen, die einen unmittelbaren Bezug zur neuen beruflichen Tätigkeit haben. Fragen Sie gezielt zu den einzelnen Tätigkeiten in der neuen Position, zur Einarbeitung, zur Ausstattung des Arbeitsplatzes, zu Kollegen und zu Vorgesetzten.

- → Fragen nach der Anzahl der Urlaubstage, der Gleitzeit, der Firmenkantine, der Abgeltung von Überstunden, der privaten Nutzung des Firmenwagens und sozialen Extraleistungen können die Gesprächsatmosphäre trüben, wenn sie zu früh gestellt werden. Deshalb gehören diese Fragen ans Ende des Gesprächs.

11. Was tun bei unzulässigen Fragen?

In manchen Vorstellungsgesprächen werden Sie auch mit eigentlich unzulässigen Fragen konfrontiert. Die Antwort einfach zu verweigern bringt Sie aber nicht weiter. In diesem Kapitel erfahren Sie, warum es trotzdem sinnvoll sein kann, auch auf unzulässige Fragen gelassen zu antworten.

Bleiben Sie souverän

Es werden Ihnen im Bewerbungsgespräch auch Fragen gestellt, die Sie eigentlich nicht beantworten müssen oder bei deren Beantwortung Sie lügen dürfen – zumindest juristisch gesehen. Klare Grenzen werden den Firmen durch das Allgemeine Gleichbehandlungsgesetz (AGG) und durch die Rechtsprechung der Gerichte gesetzt. Wir haben schon Bewerber getroffen, die die unzulässigen Fragen auswendig gelernt haben, um dann das ganze Vorstellungsgespräch darauf zu warten, dass ihnen eine derartige Frage gestellt wird. In tiefster moralischer Inbrunst lehnen diese Kandidaten dann die Beantwortung ab. Manche drohen auch damit, den Personalrat beziehungsweise die Gewerkschaft einzuschalten. Das Ergebnis dieses »politisch-korrekten« hat jedoch zur Folge, dass diese Bewerber eine Absage erhalten.

Wie reagieren Sie?

Ein wichtiger Aspekt derartiger Fragen, der von vielen übersehen wird, ist der, dass man die Reaktion der Bewerber testen will, insbesondere die Stressresistenz. Zugegebenermaßen ist die Grenze zwischen einem wirklichen Interesse an der Beantwortung einer eigentlich unzulässigen Frage und dem Einsatz dieser Frage als Stressfrage sehr schmal.

BEISPIEL

Familienplanung

Sollten Sie als Frau mit der Frage nach zukünftigen Kinderwünschen konfrontiert werden, wäre eine Antwortstrategie sinnvoll, die deutlich macht, dass Sie sich mit dieser Frage genauso intensiv beschäftigt haben wie mit anderen persönlichen und fachlichen Aspekten, die mit der Ausübung des Berufes zusammenhängen. Die Frage »Wie stellen Sie sich Ihre weitere private Lebensplanung vor? Wann möchten Sie Kinder bekommen?« ist mit einer aufbrausend trotzigen Antwort wie »Das geht Sie gar nichts an!« inhaltlich sicherlich richtig, aber taktisch doch eher schlecht beantwortet.

Eine geeignetere Antwort wäre: »Ich habe meine weitere Lebensplanung mit meinem Freund/Ehemann intensiv besprochen. Kinder spielen in unseren Überlegungen keine Rolle. Für mich stehen die beruflichen Ziele im Vordergrund. Aufbauend auf meine Ausbildung und meine erste Berufserfahrung möchte ich jetzt bei Ihnen umfassendere Aufgaben und mehr Verantwortung übernehmen.«

Damit zu diesem Punkt keine Missverständnisse entstehen: Selbstverständlich ist es Ihre Privatsache, ob Sie sich zu irgendeinem Zeitpunkt in Ihrem Leben Kinder wünschen oder nicht. Aber so lange dieser Wunsch nicht aktuell ist, sollten Sie bei einer Frage in diese Richtung in Ihrer Antwort »den Ball flach halten«. Darüber hinaus stellen wir fest, dass immer weniger Firmen überhaupt Fragen zur Familienplanung stellen, dies hängt sicherlich auch damit zusammen, dass das Allgemeine Gleichbehandlungsgesetz (AGG) derartige Fragen eigentlich ja auch verbietet.

Ein gelassenes und souveränes Antwortverhalten wird nicht nur bei Fragen nach der zukünftigen Lebensplanung, sondern auch bei Fragen zu politischen Überzeugungen erwartet.

BEISPIEL

Parteizugehörigkeit

Die Frage »Wenn nächsten Sonntag Bundestagswahlen anstünden, welche Partei würden Sie wählen?« ist mit der knappen, angriffslustig geäußerten Bemerkung »Ich wüsste nicht, warum ich Ihnen auf diese Frage antworten sollte!« ebenfalls nicht optimal beantwortet.

Eleganter ist die folgende Antwort: »Ich würde sicherlich eine Partei wählen, die mit ihrer Politik sowohl die Interessen der Wirtschaft als auch der Arbeitnehmer berücksichtigt.«

Bei unangenehmen Stressfragen sollten Sie grundsätzlich bedenken: Gerade, wenn es um Arbeitsfelder in Beratung und Verkauf geht, wollen zukünftige Arbeitgeber im Schnellverfahren feststellen, wie souverän Sie mit schwierigen Gesprächspartnern oder Kunden umgehen. Für diese Situationen spielt es eine große Rolle, ob Sie in der Lage sind, angespannte Gesprächssituationen auszuhalten oder besser noch zu entschärfen.

Entschärfen Sie die angespannte Situation

Auch im Umgang mit Kollegen und Mitarbeitern werden Sie auf unterschiedliche Ansichten und Ansprüche treffen. Personalverantwortliche wissen, dass in den einzelnen Fachabteilungen nicht ständig Harmonie herrscht. Wenn Sie als Bewerber den Eindruck erwecken, dass Sie bei Konflikten nicht mehr aus der Schmollecke herauskommen, machen Sie es sich unnötig schwer. Man wird Ihnen unterstellen, dass Sie nicht fähig sind, Konflikte offen auszutragen, sondern den zwischenmenschlichen »Blockade-Stil« bevorzugen.

Wichtig für Sie ist es, bei kritischen und emotional besetzten Fragen gelassen zu reagieren und überlegt zu antworten. Personalabteilungen sind keine Geheimdienste. Unzulässige Fragen werden jedoch immer wieder in Vorstellungsgesprächen auftauchen, und Sie müssen in der Lage sein, diese souverän zu beantworten. Ihr Vorteil bei der Suche nach einer geeigneten Antwort liegt darin, dass Sie auf unzulässige Fragen nicht wahrheitsgemäß antworten müssen.

Sie haben Spielraum – nutzen Sie ihn!

Wir stellen Ihnen jetzt die Fragen vor, deren Beantwortung Sie fantasievoll gestalten können. Gleichzeitig nennen wir die Ausnahmen, bei denen Sie wahrheitsgemäß antworten sollten, da Sie sonst mit arbeitsrechtlichen Nachteilen rechnen müssen.

Fragen nach Schwangerschaft und konkreter Familienplanung sind im Vorstellungsgespräch grundsätzlich unzulässig. Ausnahmen: Wegen der Möglichkeit einer Fruchtschädigung darf eine Schwangere bestimmte Arbeiten nicht ausüben, beispielsweise eine Tätigkeit in einer Röntgenabteilung, die mit erhöhter Strahlenbelastung verbunden ist, oder eine Tätigkeit im Labor, die den Umgang mit gefährlichen Chemikalien beinhaltet.

Fragen nach Konfession, Partei- und Gewerkschaftszugehörigkeit sind unzulässig. Ausnahmen gelten für sogenannte Tendenzbetriebe, das heißt, eine Kirche, eine Partei oder eine Gewerkschaft stellt selbst ein. Sucht beispielsweise ein katholischer Kindergarten eine Erzieherin, ist die Frage nach der Religionszugehörigkeit im Vorstellungsgespräch erlaubt.

Fragen nach Lohnpfändungen und Vermögensverhältnissen sind unzulässig. Als Ausnahme gilt jedoch, wenn der Bewerber eine Position mit umfangreichem Geldverkehr anstrebt, wie zum Beispiel Kassierer in einer Bank.

Die Zulassigkeit der Frage nach einer Aidserkrankung ist noch nicht endgültig geklärt. Eine Aids-Infektion muss meistens nicht genannt werden, eine Aids-Erkrankung muss angegeben werden. Eine Aids-Infektion muss dann genannt werden, wenn die Tätigkeit andere Menschen gefährden könnte.

Fragen nach Vorstrafen sind unzulässig. Ausnahmen: Die Vorstrafe ist für den Arbeitsplatz von direkter Bedeutung, beispielsweise Verkehrsdelikte bei Außendienstmitarbeitern oder Unterschlagungen bei Buchhaltern.

Achtung: Die Frage nach Schwerbehinderungen ist erlaubt. Kommt zu einem späteren Zeitpunkt heraus, dass der Bewerber zum Zeitpunkt der Einstellung schwerbehindert war, ist der Arbeitsvertrag von Anfang an nichtig.

AUF EINEN BLICK

Was tun bei unzulässigen Fragen?

→ Es gibt im Vorstellungsgespräch unzulässige Fragen, bei deren Beantwortung Sie nicht die Wahrheit sagen müssen.

→ Bewerberinnen und Bewerber verkennen oft, dass unzulässige Fragen in vielen Fällen gestellt werden, um das Stressverhalten zu überprüfen.

→ Sie beantworten unzulässige Fragen dann glaubwürdig, wenn Sie sich vor dem Bewerbungsgespräch mit Antwortalternativen auseinandergesetzt haben.

→ Fragen nach dem Vorliegen einer Schwangerschaft sind unzulässig. Ausnahme: Mögliche Schädigung des Fötus durch die Tätigkeit.

→ Fragen nach der künftigen Familienplanung sind unzulässig.

→ Fragen nach Konfession, Partei- oder Gewerkschaftszugehörigkeit sind unzulässig. Ausnahme: Tendenzbetriebe.

→ Fragen nach Lohnpfändungen oder Vorstrafen sind unzulässig. Ausnahme: Die Lohnpfändung oder Vorstrafe steht in Beziehung zur ausgeschriebenen Stelle.

→ Fragen nach Schwerbehinderungen sind erlaubt und müssen wahrheitsgemäß beantwortet werden.

12. Gehaltsvorstellungen: Was ist realistisch?

Bei der Suche nach einer interessanteren und oft auch verantwortungsvolleren Position steht für viele Bewerber auch der Wunsch nach einem höheren Gehalt im Vordergrund. In diesem Kapitel erläutern wir Ihnen, wie Sie Ihre Gehaltsvorstellungen taktisch durchsetzen.

Für Bewerber ist der Aspekt Gehaltsvorstellung im Bewerbungsgespräch eine schwierige Angelegenheit. Viele befürchten, dass ihr Vorschlag zu niedrig ist, sie sich unter Preis verkaufen und die mit dem Stellenwechsel verbundene Chance einer spürbaren Gehaltsverbesserung nicht ausreichend nutzen. Andere befürchten, dass sie sich durch zu hohe Gehaltsforderungen frühzeitig selbst aus dem Rennen werfen.

Im Vordergrund steht der Karriereschritt

Im Vorstellungsgespräch sollte es Ihnen gegenüber den Personalverantwortlichen vorrangig um Ihre berufliche Entwicklung gehen. Sie sollten die Entwicklung Ihrer Fähigkeiten, Ihres Erfahrungschatzes und Ihres Könnens künftigen Arbeitgebern gegenüber inhaltlich plausibel machen können. Das Gehalt ist aus diesem Grund »nur« der formale Rahmen Ihrer zukünftigen Tätigkeit.

Einige Punkte müssen Sie allerdings bei Ihren Gehaltsvorstellungen beachten. Sie haben mit Ihrer Selbstpräsentation eine Entwicklungslinie in Ihrem Berufsleben nachgezeichnet, die auf die neue Position hinführt. Wenn diese Entwicklungslinie »nach oben« führt, sie also aufsteigen möchten und deshalb auch mehr Verantwortung und Gestaltungsfreiräume in dieser neuen Position suchen, sollte die neue Stelle auch besser dotiert sein als Ihre vorherige.

Verlagen Sie rund 20 Prozent mehr

Als Richtschnur gilt dann: Verlangen Sie etwa 20 Prozent mehr Brutto-Jahresgehalt. Das ist in dieser Höhe für Personalverantwortliche plausibel. Ansonsten vermutet man, dass hinter Ihrem angestrebten Stellenwechsel etwas anderes als der Wunsch nach dem nächsten Karriereschritt steht, beispielsweise eine nahegelegte Kündigung oder permanenter Ärger mit Kollegen oder Chefs. Mit Richtschnur meinen wir, dass Sie im Idealfall etwa 20 Prozent mehr Gehalt verlangen können. Wenn die Wirtschaft gerade eine krisenhafte Entwicklung durchläuft, wie nach dem Platzen der Internetblase im Jahr 2000 oder der Finanzkrise der Jahre 2007 bis 2009 geschehen, ist es mit Sicherheit sinnvoll Abstriche am Gehaltswunsch zu machen, um überhaupt beschäftigt zu bleiben.

Gehaltshöhe ermitteln

Argumentieren Sie immer mit Brutto-Jahresgehältern

Argumentieren Sie immer mit Brutto-Jahresgehältern. Wenn Sie Monatsgehälter als Verhandlungsbasis angeben, haben Sie noch nicht die Anzahl der Monatsgehälter (12 oder 13) geklärt. Ebenso wenig haben Sie in Ihre Gehaltsvorstellungen Sonderleistungen und Vergünstigungen einbezogen.

Informieren Sie sich über mögliche Gehälter in Ihrer Branche. Sie gelangen über das Internet an Zahlen. Geben Sie Ihre angestrebte berufliche Position, eine Jahreszahl und das Stichwort »Gehalt« oder das Stichwort »Gehaltstabelle« in eine Suchmaschine ein, beispielsweise: »Vertriebsmitarbeiter 2011 Gehalt« oder »Marketingleiterin 2011 Gehaltstabelle«. Üblicherweise müssen Sie vergangene Jahreszahlen eingeben, denn bis Gehaltsdaten erfasst und veröffentlicht worden sind, vergeht doch etwas Zeit. Sie werden nach der Eingabe hilfreiche Links bekommen, die Ihnen bei Ihrer Gehaltsrecherche weiterhelfen werden. Ebenso können Sie berufsbegleitende Beilagen und Sonderseiten von Tageszeitungen oder Wirtschaftsjournale nach Anhaltspunkten für Ihre Gehaltswünsche studieren. Wir stellen Ihnen hier eine Übersicht nach Positionen der Gesellschaft für Verhaltensanalyse und Evaluation (geva) zur Verfügung, die auf einer Befragung von 25 000 Angestellten beruht.

Gehälter von Angestellten (jeweils in Euro)

Unternehmensgröße (Anzahl Beschäftigte)	**Abteilungsleiter**	**Gruppen- und Projektleiter**	**Qualifizierte Spezialisten**	**Sachbearbeiter**
bis 150	64 527	54 280	48 384	40 434
151 bis 500	68 673	56 286	49 856	41 794
501 bis 1 500	73 311	57 707	50 035	43 048
1501 bis 6 500	77 467	60 168	52 715	45 190
Branche	**Abteilungsleiter**	**Gruppen- und Projektleiter**	**Qualifizierte Spezialisten**	**Sachbearbeiter**
Maschinen- und Fahrzeugbau	74 293	56 306	49 588	45 530
Elektrotechnik, Elektronik	76 695	56 437	49 577	43 437
Chemie, Pharma	78 578	61 299	51 535	42 569
Bau, Baustoffe	71 024	59 864	47 999	41 479
Flugzeugbau	72 186	63 784	54 431	49 773
Nahrungs- und Genussmittel	71 849	54 713	49 088	41 953
Metall	74 161	56 553	47 976	39 561
Feinmechanik, Optik	73 432	55 049	50 777	47 481
Finanzdienstleistungen	71 287	59 838	53 145	43 572
Unternehmensberatung	85 314	62 085	49 551	41 675
Verkehr, Tourismus	68 347	61 412	48 537	43 795
Handel	68 334	56 097	49 750	42 412
Handwerk	55 770	56 636	39 360	k. A.

Quelle: Vergütungsstudie der Gesellschaft für Verhaltensanalyse und Evaluation, München (Befragung von 25 000 Fach- und Führungskräften)/ eigene Berechnungen

Informieren Sie sich über den Gehaltsrahmen

Je nach Firmengröße, Branche oder Region sind natürlich große Schwankungen möglich. Abgesehen davon hängt das Gehalt, das Sie in Ihrer neuen Position erzielen können, stark von den genannten Einstellungsargumenten in Ihrer Selbstpräsentation ab. Wer sein berufliches Können passgenau, stärkenorientiert und glaubwürdig präsentieren kann, hat üblicherweise auch die besseren Argumente für einen Gehaltswunsch im oberen Drittel des üblichen Rahmens.

Informieren Sie sich vor einem Gespräch immer über den Gehaltsrahmen, in dem sich Ihre angestrebte Position bewegt, denn Ihre Vertrautheit mit den Anforderungen der Branche zeigt sich auch darin, dass Sie mit der üblichen Gehaltshöhe vertraut sind.

Gehaltsforderungen taktisch durchsetzen

Verschiedene Lösungsmöglichkeiten

Gehaltsdiskussionen gehören an das Ende eines Vorstellungsgespräches und nicht an den Anfang. Jeder weiß zwar, dass Sie arbeiten, um Geld zu verdienen. Trotzdem gilt die ungeschriebene Regel des Bewerbungsverfahrens, dass Sie in erster Linie wegen der interessanten Position und der zukünftigen Aufgabenstellungen arbeiten wollen und dass das Gehalt lediglich eine »zwangsläufige Konsequenz« Ihrer ausgeübten Tätigkeit ist.

Aus unseren Erfahrungen wissen wir, dass ein interessanter Kandidat im Bewerbungsgespräch nur selten an den Gehaltswünschen scheitert. Im grundsätzlichen Einvernehmen über die Eignung lässt sich fast immer eine Lösung finden, die für beide Seiten akzeptabel ist. Dies können – vertraglich vereinbarte – Erhöhungen des Gehaltes nach der Probezeit sein oder Zusatzleistungen, wie die private Nutzung von Dienstwagen oder die Übernahme von Weiterbildungskosten.

Immer schriftlich fixieren

Wichtig dabei ist: Nur was schriftlich festgehalten wird, hat später auch Bestand. Lassen Sie sich bei der Gehaltsverhandlung bitte nicht mit der Floskel »Wenn Sie sich in unserer Firma bewähren, werden wir nach der Probezeit neu verhandeln« abspeisen.

Argumentieren Sie bei Gehaltsverhandlungen – wie im gesamten Bewerbungsverfahren – aus der Sicht der Firma. Verweisen Sie auf spezielle Anforderungen der ausgeschriebenen Position, die gerade Sie mit Ihren Kenntnissen und

Fähigkeiten erfüllen. Branchenerfahrung, sofort einsetzbares Wissen und Spezialkenntnisse können Ihr neues Einkommen erhöhen.

BEISPIEL

Taktisch verhandeln

Wenn man Ihnen am Ende des Vorstellungsgespräches mitteilt: »Die von Ihnen geforderten 47 500 Euro Jahresgehalt können wir Ihnen beim besten Willen nicht zahlen«, sollten Sie dies als Möglichkeit sehen, Ihren Nutzen für die Firma noch einmal darzustellen. Sie haben von der Gegenseite soeben ein Kaufsignal erhalten. Es geht jetzt darum, die Unsicherheit auf Seiten des neuen Arbeitgebers abzubauen.

Zum Beispiel könnten Sie sagen: »Ich verfüge über umfassende Branchenerfahrungen, habe bei meinem bisherigen Arbeitgeber Großkunden betreut und die Zahl der Verkaufsabschlüsse in den letzten beiden Jahren jeweils um 15 Prozent steigern können, was sich für das Unternehmen ja sofort sehr positiv bemerkbar gemacht hat. Die umfassende Kundenbetreuung in der neuen Position erfordert mehr Reisetätigkeit von mir. Ich glaube daher, dass ein Jahresgehalt von 47 500 Euro meine Berufs- und Branchenerfahrung angemessen honoriert. Schließlich werde ich für Sie ähnliche Erfolge erzielen.«

Ihr individuelles Profil stärkt Ihre Verhandlungsposition

Ein wesentlicher Teil der Gehaltsverhandlung ist Ihre Einordnung in das bestehende Gehaltsgefüge der Firma durch den Personalverantwortlichen. Ihr Einstiegsgehalt muss zu den Gehältern Ihrer zukünftigen Kollegen in einer vertretbaren Relation stehen. Sie selbst brauchen diese Einordnung nicht zu leisten, aber Sie müssen Ihrem Gesprächspartner auf der Firmenseite Argumente liefern, damit er Ihre Gehaltswünsche gegenüber anderen Entscheidungsträgern rechtfertigen kann.

Je klarer Sie daher im Gespräch herausarbeiten, was Sie von anderen Mitbewerbern positiv abhebt, desto stärker ist Ihre Verhandlungsposition.

ÜBUNG

Gehaltsfragen

Das Brutto-Jahresgehalt sollte für Sie nicht der einzige Maßstab bei der Kalkulation Ihres Gehaltswunsches sein. Wenn Sie von Ihrer jetzigen Firma Zusatzleistungen erhalten oder die Möglichkeit haben, Nebenverdienste zu erzielen, müssen Sie dies bei den Gehaltsverhandlungen berücksichtigen. Sonst kann es sein, dass Sie selbst bei einem höheren Grundgehalt in der neuen Position keine reale Gehaltssteigerung erzielen.

Stellen Sie sich daher die folgenden Fragen, wenn Sie Ihr neues Wunschgehalt ausarbeiten.

- → Erhalten Sie Urlaubs- beziehungsweise Weihnachtsgeld?
- → Welcher Anteil an Ihrem Gehalt ist fix und welcher flexibel?
- → Gibt es bestimmte Erfolgsprämien / Zielvereinbarungen?
- → Wie realistisch sind die damit verbundenen Bedingungen / Ziele?
- → Erhalten Sie vermögenswirksame Leistungen?
- → Schließt die Firma für Sie Zusatzversicherungen ab?
- → Kommen Sie in den Genuss von Firmenrabatten?
- → Erhalten Sie kostengünstiges Mittagessen in der Kantine?
- → Wie sind die Reisekostenvergütungen bemessen?
- → Stellt man Ihnen einen Firmenwagen zur Verfügung?
- → Gibt es eine zusätzliche betriebliche Altersvorsorge?
- → Beteiligt sich Ihr neuer Arbeitgeber an den Umzugskosten oder übernimmt er sie komplett?
- → Wie hoch ist Ihre bisherige Mietbelastung, und wie hoch sind die Mietpreise und Lebenshaltungskosten an Ihrem neuen Tätigkeitsort (Stadt-Land-/Nord-Süd-Ost-West-Gefälle)?
- → Erhalten Sie Zusatzvergütungen für Außendienst- beziehungsweise Auslandseinsätze?
- → Wie werden Überstunden abgegolten?
- → Kann Ihre Lebenspartnerin beziehungsweise Ihr Lebenspartner weiterhin beruflich tätig sein?
- → In welcher Übergangsfrist ist es realistischerweise möglich, eine adäquate Anstellung zu finden?

- → Welche Weiterbildungskosten werden übernommen?
- → Haben Sie aus Nebentätigkeiten ein zusätzliches Einkommen, das bei Ihrer neuen Stelle wegfallen würde?
- → Sind Sie bereit, für Entwicklungs- oder Aufstiegsmöglichkeiten in der neuen Firma Abstriche am Anfangsgehalt zu machen?

Gehaltsvorstellungen: Was ist realistisch?

AUF EINEN BLICK

- → Bei der Durchsetzung Ihrer Gehaltswünsche kommen Sie mit einer ausgearbeiteten Gesprächstaktik zum Ziel.
- → Argumentieren Sie im Vorstellungsgespräch immer mit Brutto-Jahresgehältern.
- → Beziehen Sie Weihnachtsgeld, Urlaubsgeld, Prämien und sonstige Sonderleistungen mit in Ihr Brutto-Jahresgehalt ein.
- → Verlangen Sie bei einem Karriereschritt etwa 20 Prozent mehr Brutto-Jahresgehalt. Sonst vermutet man, dass nicht der Karrieresprung, sondern Probleme am alten Arbeitsplatz hinter Ihrem Bewerbungswunsch stehen.
- → Sie setzen Ihre Gehaltsforderungen durch, wenn Sie aus der Sicht der Firma argumentieren: Branchenkenntnisse, sofort einsetzbares Wissen und Spezialkenntnisse rechtfertigen höhere Gehaltsvorstellungen.
- → In Aussicht gestellte Gehaltserhöhungen nach dem Ablauf der Probezeit sollten Sie schriftlich fixieren lassen.

→ FORTSETZUNG AUF DER NÄCHSTEN SEITE

→ Überlegen Sie sich Argumente für Ihren Gehaltswunsch, die der Personalverantwortliche firmenintern vertreten kann. Machen Sie den Wert Ihrer Arbeitsleistung für die Firma deutlich. Verweisen Sie beispielsweise auf Umsatzsteigerungen, Qualitätsverbesserungen, Kostensenkungen oder andere besondere Erfahrungen.

13. Auch mit Körpersprache überzeugen

Ihre Körpersprache wird im Vorstellungsgespräch beobachtet und in Beziehung zu Ihren Antworten gesetzt. In diesem Kapitel erläutern wir Ihnen, welchen Deutungen Körpersprache unterliegt und wie Sie dieses Wissen für sich nutzen können. Unsere Fotos ermöglichen Ihnen zu erkennen, wann Körpersprache in Vorstellungsgesprächen negative Spannungen aufbaut und wie sich eine sachliche und produktive Atmosphäre herbeiführen lässt.

Ein guter Eindruck durch zielorientiertes Training

Nicht nur was Sie sagen ist von Bedeutung, sondern auch, wie Sie es sagen. Ihre Gestik, Ihre Mimik, die Art, wie Sie stehen oder sitzen – alles dies wird in Vorstellungsgesprächen registriert und interpretiert. Geschulte Personalverantwortliche werten Ihre körpersprachlichen Signale genauso aus wie Ihre Antworten. Bei anderen Unternehmensvertretern wirkt die Körpersprache eher indirekt, aber dennoch als entscheidender Sympathie- oder Antipathiefaktor. Bewerberinnen und Bewerber sollten also wissen, dass sie selbst mit Ihrer Körpersprache sowohl eine negative Spannung aufbauen als auch auf eine konstruktive Gesprächsatmosphäre hinarbeiten können.

Durch falsche körpersprachliche Signale lösen manche Bewerber gravierende Fehlerketten aus, die Konsequenzen für den weiteren Gesprächsverlauf haben. Häufig stellen wir in unseren Bewerbungsseminaren oder Einzelcoachings fest, dass

1. **Bewerber sich selbst im Weg stehen,**
2. **Bewerber sich die Sympathie Ihres Gegenübers verscherzen oder**
3. **Bewerber unglaubwürdig wirken.**

Sich selbst im Weg stehen: Sie können sich durch Ihre eigene Anspannung, die sich körpersprachlich äußert, selbst daran hindern, aktiv an dem Gesprächsverlauf teilzunehmen. Denn Ihre körperliche Anspannung wirkt sich immer auch auf Ihren Zugriff auf Gedächtnisinhalte aus. Diese Situation kennen Sie sicherlich aus früheren Prüfungssituationen, in denen Sie das Gefühl hatten, neben sich zu stehen, oder im schlimmsten Fall sogar einen Blackout erlebten.

Blackout durch Verspannung

Körpersprachliche Verkrampfungen interpretiert nicht nur Ihr Gegenüber als Stresssignal, sondern auch Ihr eigenes Gehirn. Dies führt dazu, dass längst verschüttet geglaubte Urinstinkte Sie in einen Dämmerzustand zwischen Flucht- und Angriffsreaktionen fallen lassen. Analytisches Nachdenken ist in dieser körperlichen Verfassung nur noch schwer möglich.

Ihrem Gesprächspartner signalisieren Sie durch Ihre nach außen sichtbare Anspannung, dass Sie sich in der momentanen Situation unwohl fühlen und am liebsten so schnell wie möglich den Raum wieder verlassen möchten. Leider wird Ihr Gegenüber auf diese Signale nicht gerade positiv reagieren. Im schlimmsten Fall werden Personalverantwortliche hier vermuten, dass Sie sich bei schwierigen Situationen im Arbeitsleben ebenfalls lieber verstecken oder davonlaufen. Und diese Interpretation wäre natürlich schädlich für Sie.

Sympathie bedeutet auch berufliche Akzeptanz

Die Sympathie des Gegenübers verscherzen: Sie können durch unpassende körpersprachliche Signale die zunächst entgegengebrachte Sympathie Ihres Gegenübers wieder verlieren. Dies ist ein schwerwiegender Fehler, da Sympathie in Vorstellungsgesprächen Hand in Hand mit beruflicher Akzeptanz geht. Verschiedene Studien haben hier festgestellt, was Sie vielleicht auch aus eigener Alltagserfahrung heraus kennen: Menschen, die als sympathisch eingeschätzt werden, werden auch für fachlich kompetenter gehalten.

Die Vorarbeiten für Ihren Sympathiebonus im Vorstellungsgespräch haben Sie bereits durch Ihre ausgearbeitete Selbstpräsentation und die Auseinandersetzung mit den Frageblöcken geleistet. Diese Leistung wird Ihnen einen Sympathiebonus einbringen, den Sie nicht leichtfertig oder ungewollt durch Konfrontations- und aggressive Dominanzgesten verspielen sollten. In dem Moment, in dem Sie im Vorstellungsgespräch körpersprachlich Kampfsignale aussenden, verlieren

Sie die Bereitschaft Ihrer Gesprächspartner, Ihnen unvoreingenommen zuzuhören.

Glaubwürdig durch Stimmigkeit

Unglaubwürdig wirken: Die von Ihnen gelieferte Einschätzung, dass Sie die geeignete Bewerberin beziehungsweise der geeignete Bewerber sind, muss im Vorstellungsgespräch glaubhaft wirken. Personalverantwortliche sind geschult und darauf trainiert, bei Bewerbern auf Körpersignale zu achten, die im Widerspruch zu den gesprochenen Ausführungen stehen. Wenn solche Unstimmigkeiten zwischen dem Gesagten und dem körpersprachlichen Ausdruck häufiger auftreten, leidet die Glaubwürdigkeit. Die Auswirkungen sind hier gravierend, da dann der gesamte Auftritt im Vorstellungsgespräch durch eine unstimmige Körpersprache entwertet wird. Letztendlich werden Ihre vielen guten Einstellungsargumente eher skeptisch beurteilt werden. Damit verschlechtern sich die Chancen auf eine Einstellung leider deutlich.

Fünf Schritte zum Erfolg

Wir zeigen Ihnen nun in fünf Teilschritten, wie Sie es vermeiden, die dargestellten Fehlerketten in Vorstellungsgesprächen auszulösen, und welche Körpersprache als Basis für eine sachliche und ergebnisorientierte Vorstellungsgespräche geeignet ist. Die fünf Teilschritte dazu lauten:

1. **Anspannung erkennen und auflösen,**
2. **Konfrontation vermeiden,**
3. **Stress- und Verlegenheitsgesten reduzieren,**
4. **aggressive Dominanzgesten unterlassen,**
5. **Ihr Ziel: Eine konzentrierte Grundhaltung einnehmen.**

Anspannung erkennen und auflösen

1: Auf der Flucht

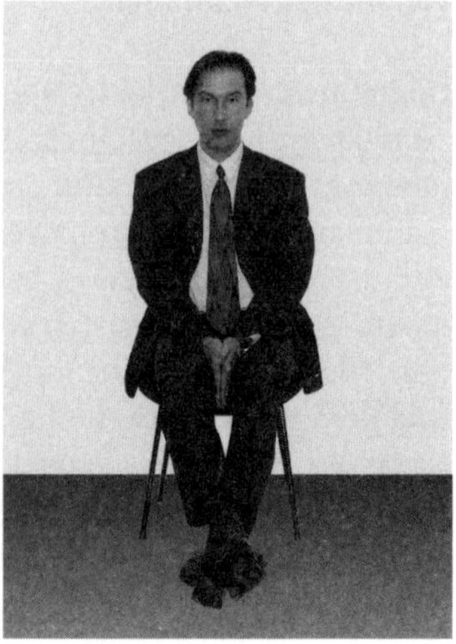

2: Im Boden versinken

3: Ich will nach Hause

4: Efeuranke

Sehen Sie sich bitte die Fotos 1 bis 4 an. Sicherlich haben Sie diese Sitzhaltungen schon einmal beobachten können. Über die Haltungen, die der Bewerber einnimmt, wird sein momentan angespannter innerer Zustand nach außen sichtbar.

Nehmen Sie eine entspannte Haltung ein

Die »Auf-der-Flucht«-Haltung des Fotos 1, die »Im-Boden-versinken«-Haltung des Fotos 2 und die »Ich-will-nach-Hause«-Haltung des Fotos 3 zeigen einen angespannten Bewerber, der sich unwohl fühlt. Auffällig bei allen drei Fotos ist der nach innen gerichtete Blick. Die starke Anspannung der Stresssituation Vorstellungsgespräch führt bei diesem Bewerber dazu, dass er nur noch seinem eigenen Unwohlsein nachspürt und auf diese Weise den Kontakt zu seinen Gesprächspartnern verliert. Eine überzeugende Selbstdarstellung ist aber ohne (Augen-)Kontakt nicht möglich.

Wenn Personalverantwortliche merken, dass Bewerber sich aus dem aktiven Gesprächsgeschehen zurückziehen, werten sie dies als mangelnde Belastbarkeit und damit als vorzeitige Kapitulation im Bewerbungsverfahren.

Besser: eine positive Ausstrahlung

Sobald Bewerber diese resignierte und deprimierte Grundstimmung – wie auf den Fotos 1, 2 und 3 ersichtlich – einnehmen, werden Gesprächspartner nach weiteren Gesten suchen, die ihr bereits negativ gefärbtes Bild vom Bewerber zusätzlich verstärken. Dazu zählt auf dem Foto 1 das beidhändige Festhalten am Stuhl, auf dem Foto 2 die überkreuzten Beine und die zur Bethaltung zusammengelegten und zwischen den Oberschenkeln eingequetschten Hände und auf dem Foto 3 die nach innen gestellten Fußspitzen und der nach vorne geneigte Oberkörper.

Eine weitere typische Anspannungshaltung von Bewerbern sehen Sie auf dem Foto 4, wir nennen diese Haltung »Efeuranke«. Der Bewerber umklammert die Stuhlbeine und umschlingt mit seinen Armen den eigenen Oberkörper. Für einen Efeu ist es sicherlich sinnvoll, jeden Halt an einer Hauswand zu nutzen, um den einmal eingenommen Platz nicht wieder aufgeben zu müssen. Im Vorstellungsgespräch ist die abgebildete Körperhaltung aus mehreren Gründen jedoch sehr ungünstig.

Der Bewerber nimmt sich selbst die Luft und bringt sich außerdem um die Gelegenheit, die Darstellung seiner Fähigkeiten und Kenntnisse mit einer dynamischen Körpersprache zu unterstützen. Die Augen des Bewerbers auf dem Foto 4 halten zwar Blickkontakt zum Gegenüber, aber in einer Art und Weise, die ungeeignet ist, gemeinsame Ziele herauszuarbeiten. Die Anspannung des Bewerbers geht bereits in die zweite Phase, die Konfrontation, über.

Durch Anspannung entsteht Stress

Die durch Anspannung erzeugte Stresssituation mündet bei unvorbereiteten Bewerberinnen und Bewerbern oft in ein unbewusstes Angriffsverhalten. Dadurch zeigen sich aggressive Tendenzen, die sich durch Stress- und Konfrontationsgesten ausdrücken. Diese sollten Sie vermeiden oder so früh wie möglich auflösen, um immer wieder zu einer konstruktiven Haltung zurückkehren zu können, so wie wir es Ihnen am Ende dieses Kapitels, im Abschnitt »Ihr Ziel: Eine konzentrierte Grundhaltung einnehmen«, erläutern werden.

Konfrontation vermeiden

5: Mit mir nicht

6: Was geht mich das an?

7: Jetzt rede ich!

8: Passen Sie mal auf!

In Stresssituationen, zu denen das Vorstellungsgespräch für die meisten Bewerber gehört, lassen sich zwei problematische Verhaltensstrategien immer wieder beobachten. Die erste nennen wir »einfrieren«, die zweite »angreifen«. Auf den Fotos 1 bis 4 haben Sie einen Bewerber gesehen, der dazu neigt, unter Stress einzufrieren. Das heißt, er beraubt sich der Gelegenheit, das Gespräch aktiv zu gestalten. Auf den Fotos 5 bis 8 sehen Sie das Gegenteil. Dieser Bewerber greift unter Stress an und sucht die Konfrontation mit dem Gegenüber.

Die »Mit-mir-nicht«-Haltung des Fotos 5, die »Was-geht-mich-das-an«-Haltung des Fotos 6, die »Jetzt-rede-ich«-Haltung des Fotos 7 und die »Passen-Sie-mal-auf«-Haltung des Fotos 8 sprechen für sich.

Vermeiden Sie eine Abwehrhaltung

Verschränkte Arme, wie auf Foto 5, drücken eine Abwehrhaltung aus. Der Bewerber ist nicht bereit, Einwände an sich heranzulassen und Gemeinsamkeiten herauszuarbeiten. Das lässige Zurücklehnen und der spöttische Gesichtsausdruck auf dem Foto 6 machen deutlich, dass der Bewerber seine Gesprächspartner nicht ernst nimmt. Die entgegengesetzte Haltung, das starke Vorbeugen des Oberkörpers in Richtung des Gesprächspartners und die ausgestreckten Finger auf dem Foto 7 zeigen Kampfbereitschaft. Die eigenen Aussagen lassen für die Meinung des Personalverantwortlichen keinen Raum, Kompromissbereitschaft ist nicht zu sehen. Das rechthaberische Pochen auf die eigene Meinung wird auf dem Foto 8 sichtbar. Dort ist der Bewerber nahe an den Tisch gerückt und macht auch akustisch deutlich, dass er nur seine Ansichten gelten lässt.

Konfrontation macht im Gespräch eine inhaltliche Auseinandersetzung aber unmöglich. Statt Gemeinsamkeit zu stiften, geht es dann nur noch darum, sich durchzusetzen. Konfrontationsgesten werden von allen Gesprächsbeteiligten intuitiv erfasst. Die Kampfstimmung wird verstärkt, wenn weitere körpersprachliche Details zu erkennen sind.

Aggressive und rechthaberische Gesten sind fehl am Platz

Auf dem Foto 5 sind dies die überkreuzten Arme mit den nach oben gestellten Daumen und der arrogant-abschätzige Blick. Der Gesichtsausdruck und die Beinhaltung auf dem Foto 6 vermitteln, dass dieser Bewerber nicht besonders umgänglich ist – weder im Vorstellungsgespräch noch im beruflichen Alltag. Körpersprachlich eindeutig sind die Fotos 7 und

8. Das aggressive Beugen nach vorne und die angriffslustig auf den Gesprächspartner gerichteten Finger auf dem Foto 7 sowie das rechthaberische Klopfen auf die Tischplatte auf dem Foto 8 sind Signale, die uns allen aus Streitgesprächen vertraut sind. Die sichtbare Konfrontation führt aber nicht zu der notwendigen sachlichen Atmosphäre, die in Vorstellungsgesprächen zum Erfolg führt.

BERATUNG

Aus unserer Beratungspraxis
Unbewusste Konfrontation

Einer unserer Coachingkunden war ein Regionalleiter im Vertrieb, der zu einem anderen Unternehmen wechseln wollte. In der Übung zur Selbstpräsentation hatte er dynamisch agiert und seine Erfahrungen aus dem Vertrieb anschaulich eingebracht.

In der anschließenden Simulation des Bewerbungsgespräches, also in den Frage- und Antwortblöcken, setzte er seine Dynamik falsch ein und baute immer wieder – ungewollt – Konfrontationshaltungen auf. So beugte er sich ständig über den Tisch, um seinen Ausführungen Nachdruck zu verleihen, klopfte mit den Fingern auf die Tischplatte, um seine Nervosität abzuleiten, und unterbrach Fragen immer wieder mit Gesten, um in die Antwort einzusteigen, bevor die Fragen überhaupt beendet waren.

Dieses Verhalten hatte ihn schon bei mehreren Vorstellungsgesprächen scheitern lassen. Eine Video-Analyse machte ihm seine Körpersprache bewusst. Erstaunt stellte er fest, dass seine Selbstwahrnehmung ihm ein ganz anderes Bild vermittelt hatte als das, was er jetzt sah. Er war nämlich immer der Meinung gewesen, dass er seine Antworten im Vorstellungsgespräch mit großem Nachdruck vertreten müsse, um selbstbewusst zu wirken.

Wir übten mit ihm, immer wieder zur konzentrierten Grundhaltung zurückzukehren, sich weit genug vom Tisch des Personalverantwortlichen wegzusetzen und lebendige Gestik vorrangig zur Unterstreichung eigener Antworten und Erfolge einzusetzen. Dadurch gewann er eine ausgeglichene und souveräne Ausstrahlung und konnte sich gleichzeitig seine dynamische Wirkung als »Macher« im Vertrieb erhalten.

Fazit: Das Bewerbungsgespräch ist eine besondere Situation, die weit entfernt ist von Gesprächen aus dem beruflichen Alltag. Unter Stress und Anspannung kann Lebendigkeit sehr schnell in Konfrontation und Angriff umschlagen. Die negativen Folgen hat dann aber der Bewerber zu tragen.

Stress- und Verlegenheitsgesten reduzieren

Setzen Sie sich im Vorfeld mit heiklen Punkten auseinander

Stress- und Verlegenheitsgesten lassen sich immer dann beobachten, wenn im Vorstellungsgespräch heikle Punkte angesprochen werden. Hierzu gehören beispielsweise Fragen nach den eigenen Stärken und Schwächen, nach negativen Formulierungen in Arbeitszeugnissen, nach den Gründen für einen Stellenwechsel oder nach den konkreten beruflichen Zielen in der Zukunft. Stress- und Verlegenheitsgesten kommen außerdem zum Vorschein, wenn der Bewerber mit Fragen konfrontiert wird, die er für sich vor dem Gespräch noch nicht hinreichend geklärt hat. Dies gilt beispielsweise für Fragen nach dem zukünftigen Gehalt oder für Fragen zu einem eventuellen Ortswechsel.

Typische Stress- und Verlegenheitsgesten haben wir auf den Fotos 9, 10, 11 und 12 für Sie zusammengestellt.

Auf dem Foto 9 ist eine »Die-Schlinge-zieht-sich-zu«-Haltung zu beobachten. Der ausweichende Blick zur Seite und das Lockern beziehungsweise Hin- und Herziehen des Krawattenknotens zeigen deutlich, dass sich der Bewerber unwohl fühlt.

Die »Uups!-Ist-mir-was-rausgerutscht?«-Haltung, die wir Ihnen auf dem Foto 10 zeigen, haben Sie sicherlich selbst schon gesehen. Bewerber, die ihre eigenen Informationsgrenzen überschritten haben, beispielsweise bei Fragen zu Schwä-

9: Die Schlinge zieht sich zu

10: Uups! Ist mir was rausgerutscht?

11: Durchgeknetetes Ohrläppchen

12: Die Luft wird knapp

chen, dem Stellenwert der Arbeit in ihrem Leben oder zu fachlichen Defiziten, wünschen sich im Nachhinein, ihre Lippen wären versiegelt gewesen. Dies wird dann auch körpersprachlich sichtbar. Die Finger gehen zum Mund, um ihn zu verschließen und bestimmte Worte nicht herauszulassen, allerdings zu spät.

Der Versuch, Zeit zu gewinnen

Sehr verbreitet unter den Stress- und Verlegenheitsgesten ist auch die »Durchgeknetetes-Ohrläppchen«-Haltung, die Sie auf dem Foto 11 sehen. Diese Haltung wird oft eingenommen, wenn es darum geht, Zeit zu gewinnen, weil ein Vorschlag des Gesprächspartners im inneren Monolog auf mögliche Vor- und Nachteile hin überprüft wird. In diesem Zusammenhang ist zuweilen auch eine leicht gewölbte Unterlippe zu sehen. Manche Bewerber fahren sich zusätzlich mit der Zunge über die Unterlippe oder berühren leicht mit den Zähnen des Oberkiefers ihre Unterlippe.

Auf dem Foto 12 sehen Sie die Haltung »Die-Luft-wird-knapp«. Der Griff des Bewerbers mit der rechten Hand an seinen Hals und die den Bauch schützende Haltung des linken Armes zeigen, dass dieser Bewerber im Moment keinen Ausweg für sich sieht. Hier ist Vorsicht angebracht! Wenn die Luft des Bewerbers knapp wird, weil er sich derartig in die Enge getrieben fühlt, muss mit Überreaktionen gerechnet werden.

Sie reduzieren Stress- und Verlegenheitsgesten, wenn Sie Ihre Fähigkeiten und Kenntnisse vor dem Vorstellungsgespräch in Form einer schlüssigen Selbstpräsentation aufbereitet haben, und wenn Sie sich vorher intensiv mit den Fragen, die im Vorstellungsgespräch an Sie gerichtet werden, auseinandergesetzt haben. In unseren Seminaren und Coachings erleben wir immer wieder, dass die Bewerberinnen und Bewerber, die wissen, was sie können, was sie wollen und ihre Fähigkeiten im Gespräch mit den Wünschen der Firmen an neuen Mitarbeiter zur Deckung bringen können, das dazugehörige positive »Selbst«-Bewusstsein auch körpersprachlich ausstrahlen. Und diese positive Wirkung der Körpersprache sollten Sie ebenfalls für Ihre Vorstellungsgespräche nutzen.

Aggressive Dominanzgesten unterlassen

Versuchen Sie, die Anspannung während des Gespräches abzubauen

Anspannungs-, Stress- und Verlegenheitsgesten wird man Bewerbern im Vorstellungsgespräch eher nachsehen. Besonders dann, wenn diese körpersprachlichen Signale mehr zu Anfang des Gesprächs auftauchen und nicht als durchgängiges Verhaltensmuster zu erkennen sind. Personalverantwortliche wissen, dass ein Stellenwechsel für Bewerber ein ein-

13: Dolchstoß

14: Pistole

15: Spanischer Reiter

16: Pavian

schneidender Schritt in der beruflichen Entwicklung ist. Lampenfieber ist daher am Anfang des Bewerbungsgesprächs nichts Ungewöhnliches. Allerdings sollten Sie in der Lage sein, diese Anspannung nach und nach abzubauen.

Benutzen Bewerber dagegen aggressive Dominanzgesten, kann die Gesprächsatmosphäre schon durch wenige körpersprachliche Signale nachhaltig belastet werden. Aggressiv auftretenden Bewerbern wird von Personalverantwortlichen sehr schnell die Fähigkeit zur Eingliederung ins Unternehmen abgesprochen werden.

Ihr Blick auf die Fotos 13 bis 16 macht Sie mit den körpersprachlichen Zeichen vertraut, die sich immer dann in Gesprächen beobachten lassen, wenn ein schwerwiegender Konflikt zwischen den Gesprächsteilnehmern kurz bevorsteht oder bereits offen zum Ausbruch gekommen ist.

Gesten, die eine aggressive Grundhaltung signalisieren

Die »Dolchstoß«-Haltung, die Sie auf dem Foto 13 sehen, zeigt einen Bewerber, der sein Gegenüber mit dem in der Hand gehaltenen Stift förmlich aufspießt. Der gestreckte Arm, der den Stift hält, schafft zusätzliche Distanz.
Auf dem Foto 14 haben wir für Sie eine Geste abgebildet, die wir häufig in unseren Bewerbungsseminaren und Einzelberatungen beobachtet haben: die »Pistolen«-Haltung. So deutlich wie auf dem Foto 14 ist die »Pistolen«-Haltung selten zu sehen, weil in der Regel ein Tisch den direkten Blickkontakt auf die Hände des unter Druck gesetzten Bewerbers versperrt. Die körpersprachliche Aussage »Ich schieß Dich ab!« bringt jedoch immer eine aggressive Grundstimmung ins Gespräch.

Die »Spanischer-Reiter«-Haltung, die wir für Sie auf dem Foto 15 abgebildet haben, hat nicht umsonst ihren Namen aus der Militärsprache: Die angreifende Kavallerie des Gegners sollte durch zusammengenagelte Holzkreuze zu Fall gebracht werden. Auch als körpersprachliches Signal wird diese Haltung dahingehend interpretiert, dass der Bewerber sich angegriffen fühlt und nun Barrieren aufbaut.

Lassen Sie sich nicht provozieren

Auf dem Foto 16 sehen Sie die »Pavian«-Haltung. Diese Haltung nach der Devise: »Ich-bin-der-Chef-auf-dem-Affenfelsen« trübt durch die körpersprachlich vermittelte Überheblichkeit des Bewerbers die Gesprächsatmosphäre nachhaltig. Besonders bei weiblichen Personalverantwortlichen führt sie recht schnell zur Ablehnung des Bewerbers.

Aggressive Dominanzgesten sollten Sie unbedingt unterlassen. Sie fordern sonst Ihre Gesprächspartner heraus, im Gegenzug Sie als Bewerber »auf die Hörner zu nehmen«. Sollten Sie sich in einem Vorstellungsgespräch angegriffen fühlen, heißt es Ruhe bewahren. Oft handelt es sich nur um einen Stresstest, mit dem man feststellen will, wie belastungsfähig Sie sind. Lassen Sie sich nicht durch Provokationen vorschnell aus der Fassung bringen. Die endgültige Entscheidung, ob Sie bei diesem Unternehmen anfangen oder nicht, liegt in jedem Fall bei Ihnen und sollte von Ihnen nicht im Gespräch selbst, sondern wohl überlegt zu Hause getroffen werden.

ÜBUNG

Aggression und Stress vermeiden

- → Lernen Sie, Ihre bevorzugten Stress- und Verlegenheitsgesten zu erkennen und aufzulösen.
- → Benutzen Sie eine Videokamera, um sich selbst zu filmen. Setzen Sie sich an einen Tisch, ziehen Sie die Kleidung an, die Sie im Vorstellungsgespräch tragen werden und lassen Sie sich von einer Ihnen gegenübersitzenden befreundeten Person Fragen aus dem Block Stressfragen stellen.
- → Bitten Sie Ihren Fragesteller, einige Fragen mit lauter Stimme zu stellen und Sie bei einigen Fragen mit starrem Blick zu fixieren.
- → Achten Sie bei der Videoauswertung darauf, ob Sie Aggressions-, Stress- oder Verlegenheitsgesten gezeigt haben. Führen Sie sich Ihre »Lieblingsgesten« vor Augen und ahmen Sie sie bewusst nach.
- → Machen Sie weitere Durchgänge des Probevorstellungsgesprächs und richten Sie Ihre Aufmerksamkeit auf Ihre Aggressions-, Stress- und Verlegenheitsgesten. Wenn Sie merken, dass Sie eine solche Geste verwenden, sollten Sie sie auflösen, indem Sie Ihre Handflächen auf die Oberschenkel legen, so wie Sie es auf den Fotos zu den konzentrierten Grundhaltungen sehen (Fotos 17, 18, 20).

Ihr Ziel: Eine konzentrierte Grundhaltung einnehmen

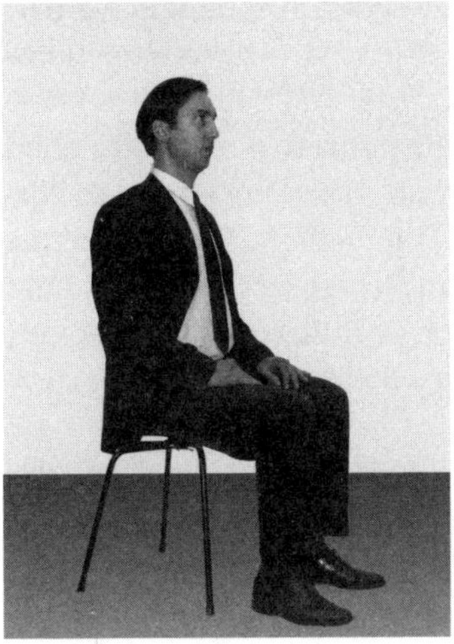

17: Neunzig-Grad-Winkel

18: Offene Grundhaltung

19: Dynamische Grundhaltung

20: Entspannte Grundhaltung

Spannungen auflösen

Mit den möglichen Fehlerketten, die Sie durch falsche körpersprachliche Signale auslösen können, haben wir Sie vertraut gemacht. Sie sind darüber hinaus jetzt in der Lage, zu erkennen, wie sich Anspannung, Konfrontation, Stress und Aggression im Vorstellungsgespräch in der Körpersprache äußern können. Jetzt erfahren Sie, wie Sie körpersprachliche

Spannungen im Gespräch vermeiden beziehungsweise auflösen.

Ihre Hände sollten frei bleiben

Auf den Fotos 17, 18, 19 und 20 sehen Sie einen Bewerber, der verschiedene konzentrierte Grundhaltungen eingenommen hat, wobei er die Hände immer frei behält, um seine verbalen Ausführungen jederzeit nonverbal unterstreichen zu können. Achten auch Sie darauf, dass Ihre Hände in Vorstellungsgesprächen ebenfalls frei bleiben. Wer die Hände ineinander verschränkt, sich an Papier festklammert oder nervös mit Stiften, Ohrschmuck oder Ringen herumspielt, bringt erst sich selbst und dann sein Gegenüber aus dem Konzept.

Die Grundhaltung auf dem Foto 17 nennen wir »Neunzig-Grad-Winkel«. Der Bewerber sitzt aufrecht und aufmerksam, die Beine sind leicht geöffnet. Diese Haltung hat den Vorteil, dass sie keine Verspannungen hervorruft und deshalb die Konzentration nicht beeinträchtigt.

Achten Sie darauf, dass Sie sich nicht zwischen Tischkante und Stuhllehne einklemmen. Setzen Sie sich mit genügend Abstand an den Tisch des Personalverantwortlichen. Wenn Sie eine Unterarmlänge Abstand halten, können Sie Ihre Sitzposition variieren, ohne gleich mit den Knien an die Tischplatte zu stoßen. Außerdem bewahrt Sie dies davor, sich auf dem Schreibtisch abzustützen oder Ihre Hände darauf zu legen. Damit würden Sie eine Revierverletzung begehen: Der Schreibtisch des Personalverantwortlichen gehört zu seiner Machtsphäre. Dringen Sie nicht unbefugt ein. Wenn Sie Unterlagen ablegen möchten, sollten Sie vorher um Erlaubnis fragen.

Auf dem Foto 18 sehen Sie die »offene Grundhaltung«. Auch hier ist der Bewerber in der Lage, dem Geschehen im Vorstellungsgespräch optimal zu folgen. Der offene Blick, die Möglichkeit, Spiel- und Standbein gelegentlich zu wechseln und die locker auf den Oberschenkel aufgelegten Hände lassen ihn wachsam und interessiert erscheinen.

Alle Gesprächspartner im Blick behalten

In Vorstellungsgesprächen treffen Sie meistens auf mehrere Personen: Personalverantwortliche, Fachvorgesetzte, Gruppenleiter, Betriebsratsmitglieder oder Geschäftsführer werden sich einen Eindruck von Ihnen machen wollen. Um diesen Eindruck positiv zu beeinflussen, sollten Sie darauf achten, dass Sie Ihre Sitzhaltung so ausrichten, dass Sie alle

Personen in Ihrem Blickfeld haben. Vermeiden Sie es, sich nur auf eine Person auszurichten. Schauen Sie beim Antworten abwechselnd alle Anwesenden an.

Wechselt der Bewerber von der Rolle des Zuhörers in die des Sprechers, geht die »offene Grundhaltung« häufig in die »dynamische Grundhaltung« über, die Sie auf dem Foto 19 sehen. Der Bewerber ist mit seinem Oberkörper ganz leicht nach vorne gerückt und unterstreicht seine Worte mit Bewegungen der Hände.

Die »entspannte Grundhaltung«, zu sehen auf dem Foto 20, zeigt einen zuhörenden Bewerber, der sich seiner Stärken bewusst ist. Die leicht übereinander gelegten Beine behindern ihn nicht. Trainieren Sie, eine konzentrierte Grundhaltung einzunehmen. Insbesondere dann, wenn Sie an sich körpersprachliche Verspannungen wahrnehmen, die Ihre Gesprächspartner irritieren könnten. Damit hier keine Missverständnisse aufkommen: Selbstverständlich wird sich Ihre Körpersprache nicht »über Nacht« vollständig verändern. Mit etwas Übung wird es Ihnen jedoch künftig besser gelingen, körpersprachliche Anspannung und Konfrontation überhaupt wahrzunehmen, um sie dann schnell aufzulösen.

Die konzentrierte Grundhaltung

ÜBUNG

Diese Übung soll Ihnen helfen, in Vorstellungsgesprächen immer wieder zu einerr entspannten Grundhaltung zurückkehren zu können. Folgendes können Sie üben und trainieren.

Setzen Sie sich auf einen Stuhl an einen Tisch und nehmen Sie die Neunzig-Grad-Winkel-Haltung ein (Foto 17). Bleiben Sie einen Moment in dieser Haltung und verändern Sie dann Ihre Sitzposition so, dass Sie Ihre bevorzugte konzentrierte Grundhaltung finden. Das kann die offene Grundhaltung (Foto 18) sein, aber auch die dynamische Grundhaltung mit etwas vorgebeugtem Oberkörper (Foto 19). Vielleicht entscheiden Sie sich aber auch für die entspannte Grundhaltung (Foto 20). Bei dieser Grundhaltung müssen Sie trainieren, das übergeschlagene

→ FORTSETZUNG AUF DER NÄCHSTEN SEITE

Bein von Zeit zu Zeit zu wechseln und ab und zu beide Füße auf den Boden zu setzen. Sonst schlafen Ihre Beine ein.

Wenn Sie Ihre Lieblingsposition gefunden haben, sollten Sie üben, aus verspannten Haltungen immer wieder dahin zurückzukehren. Dazu nehmen Sie die folgenden Verspannungshaltungen ein und lösen diese anschließend auf:

- → Auf der Flucht (Foto 1)
- → Im Boden versinken (Foto 2)
- → Ich will nach Hause (Foto 3)
- → Efeuranke (Foto 4)
- → Breitbeinig hinsetzen
- → Vom Stuhl rutschen, das heißt der Hintern rutscht auf der Stuhlfläche nach vorne.

Nehmen Sie sich mit der Videokamera auf

Sie sind auf Vorstellungsgespräche optimal vorbereitet, wenn Sie zuerst ausarbeiten, was Sie Ihrem potenziellen Arbeitgeber inhaltlich vermitteln möchten. Anschließend trainieren Sie, diese Ausführungen – unterstützt durch eine angemessene Körpersprache – glaubwürdig zu vermitteln. Lassen Sie sich zur Vorbereitung die Fragen aus den Kapiteln »Die 50 häufigsten Fragen und die besten Antworten« und »Auf diese Fragen sollten Sie sich vorbereiten« von einem Freund oder Bekannten stellen, und nehmen Sie sich dabei mit einer Videokamera auf. Nach zwei bis drei Durchgängen werden Sie feststellen, dass Sie mit unseren Tipps und Hinweisen die Situation Vorstellungsgespräch sowohl inhaltlich als auch körpersprachlich deutlich besser in den Griff bekommen werden.

Eine weitere Möglichkeit die Bedeutung einer angemessenen und überzeugenden Körpersprache praxisnah zu erleben, bietet Ihnen unser kostenloses 15-teiliges Videotraining »Das Vorstellungsgespräch«, das wir zusammen mit unserem Medienpartner Focus Online konzipiert und produziert haben. Sie finden das Videotraining auf unserer Homepage www.karriereakademie.de.

Auch mit Körpersprache überzeugen

AUF EINEN BLICK

- → Die Wirkung Ihrer Worte wird von Ihrer Körpersprache beeinflusst. Körpersprache kann in Vorstellungsgesprächen Ihre Glaubwürdigkeit beeinträchtigen und zu einer angespannten Atmosphäre führen oder dazu beitragen, Übereinstimmung herbeizuführen.

- → Anspannung ist Stress. Stress kann dazu führen, dass Sie ein Blackout bekommen. Anspannung verunsichert erst Sie selbst und dann Ihr Gegenüber.

- → Konfrontations- und Dominanzgesten werden von Ihren Gesprächspartnern als Kampfsignale verstanden. Die Gesprächsinhalte treten in den Hintergrund, es geht nicht mehr um Ihre Fähigkeiten und Kenntnisse, sondern nur noch darum, wer sich durchsetzt.

- → Stress- und Verlegenheitsgesten signalisieren Ihren Gesprächspartnern, dass Sie sich Ihrer Sache selbst nicht sicher sind. Erkennt man wunde Punkte bei Ihnen, werden Personalverantwortliche die Gelegenheit nutzen, Sie gezielt unter Druck zu setzen.

- → Trainieren Sie, in Gesprächen immer wieder eine konzentrierte Grundhaltung einzunehmen. Behindern Sie sich nicht selbst: Achten Sie darauf, dass Ihre Hände frei bleiben, dass Sie aufrecht sitzen und dass Ihre Beine im rechten Winkel auf dem Boden stehen.

- → Setzen Sie sich im Vorstellungsgespräch nicht zu dicht an den Tisch des Personalverantwortlichen und legen Sie nichts darauf ab (Revierverletzung). Halten Sie etwa eine Unterarmlänge Abstand.

- → Vermeiden Sie bei mehreren Gesprächspartnern, sich nur auf eine Person auszurichten. Schauen Sie beim Antworten abwechselnd alle Anwesenden an.

14. Brüche im Lebenslauf – problematische Bewerbungen

Für so genannte problematische Bewerbungen gelten im Vorstellungsgespräch zusätzliche Anforderungen, die oft unausgesprochen bleiben. Diese Anforderungen erklären wir, damit sich auch diese Bewerber in Vorstellungsgesprächen Erfolg haben. In diesem Kapitel erläutern wir, wie sich Vorurteile entkräften lassen.

Brüche gehören dazu

Kaum ein Mensch hat eine geradlinig verlaufende berufliche Erfolgsstory vorzuweisen. Fast jeder muss Brüche erklären oder Begründungen für einen beruflichen Neigungs- oder Interessenwechsel liefern. Bei manchen Bewerbern sind diese Brüche jedoch deutlich größer. Hier spricht man von man problematischen Bewerbungen, Personalverantwortliche unterteilen sie in folgende Gruppen:

- → **Arbeitslose (damit meinen wir hier Bewerber, deren letztes Arbeitsverhältnis mehr als sechs Monate zurückliegt)**
- → **Wiedereinsteiger (beispielsweise Frauen nach der Erziehungszeit oder Bewerber, die eine längere Fort- oder Weiterbildungsmaßnahme in Vollzeit durchlaufen haben)**
- → **45-plus-Bewerber (Bewerber, die älter als 45 Jahre sind)**
- → **häufige Jobwechsler (Bewerber, die in fünf Jahren mehr als drei Arbeitgeber hatten)**

Für alle diese Bewerber gilt, dass sie – vorausgesetzt, sie verfügen über die vom neuen Arbeitgeber verlangten fachlichen Kenntnisse und persönlichen Fähigkeiten – prinzipiell die gleichen Chancen wie andere Bewerber haben. Allerdings wird man ihnen im Vorstellungsgespräch spezielle Fragen stellen, um ihre Leistungsbereitschaft und die Motivation ihrer Bewerbung genauer zu hinterfragen.

Entkräften Sie Vorurteile

Seien Sie ehrlich: Würden Sie jemanden einstellen, der

- **zum Stillstand gekommen ist,**
- **sich nicht mehr weiterentwickelt,**
- **frustriert ist und innerlich gekündigt hat,**
- **Erfolgserlebnisse im Freizeitbereich sucht,**
- **keine Ziele mehr hat?**

Stellen Sie Ihre Motivation und Ihre Leistungsfähigkeit heraus

Wir erleben in unserer Beratungspraxis immer wieder, dass Bewerber diesen negativen Eindruck ganz unabsichtlich im Vorstellungsgespräch erwecken. Dies geschieht durch ein Zusammenwirken von ungeschickten Formulierungen des Bewerbers auf der einen Seite und durch eine unterschwellig vorurteilsbehaftete Einstellung von Personalverantwortlichen auf der anderen Seite.

Wichtig für Personalverantwortliche ist es, eine Vorhersage Ihrer Leistungsfähigkeit und Ihrer Arbeitsmotivation zu treffen. Bei der Einschätzung dieser beiden Punkte müssen Bewerberinnen und Bewerber mit größeren Brüchen im Lebenslauf gewisse Vorurteile auf Seiten der Personalverantwortlichen ausräumen. Hier hilft es, sich die Situation Vorstellungsgespräch einmal aus der Sicht derjenigen vorzustellen, die Bewerber beurteilen müssen. Schließlich haben Personalverantwortliche im Laufe der Zeit nicht nur gute, sondern ebenso durchwachsene oder schlechte Erfahrungen mit von ihnen eingestellten neuen Mitarbeitern gemacht. Daher sind sie durchaus überkritisch und fragen sich öfter einmal:

- **»Ist er in seinem bisherigen Arbeitsumfeld kalt gestellt worden?«**
- **»Kann sie sich an den neuen Kollegenkreis gewöhnen?«**
- **»Ist er vom langen Berufsleben ausgebrannt?«**
- **»Bringt sie noch die Leistung, die ich von einer Jüngeren erwarten kann?«**

- → **»Gibt er bei Problemen im Arbeitsalltag schneller auf als andere und kündigt bald wieder?«**
- → **»Kaufe ich einen theorieblinden Praktiker ein?«**
- → **»Wechselt sie, um eine neue Herausforderung zu suchen oder weil sie mit den Anforderungen ihrer bisherigen Stelle nicht mehr zurechtkommt?«**

Zeigen Sie sich aktiv!

Wenn Sie zu einer der aufgeführten Bewerbergruppen gehören, müssen Sie damit leben, dass Personalverantwortliche Ihnen gegenüber zunächst bestimmte Vorurteile hegen. Durch eine gute inhaltliche Ausgestaltung Ihrer Selbstpräsentation entkräften Sie jedoch Fehleinschätzungen zu Ihrer Person. Rechnen Sie damit, dass man Sie im Bewerbungsgespräch mit tiefergehenden Fragen zu den problematisch erscheinenden Abschnitten in Ihrem Berufsweg konfrontiert. Vergessen Sie nicht, dass auch hier die Zielrichtung ist, zu überprüfen, wie stressresistent Sie sind und inwieweit Sie sich mit sich selbst auseinandergesetzt haben.

Formulieren Sie zielorientiert

Für problematische Bewerbungen gilt noch mehr als für andere: Die aktive Einflussnahme des Bewerbers auf seine berufliche und persönliche Entwicklung muss herausgestellt werden. Um zu überzeugen, sollten Sie ausgewählte Stationen in Ihrem beruflichen Werdegang in den Vordergrund stellen, beispielsweise durch Verweis auf ein länger andauerndes Arbeitsverhältnis, in dem Sie neue Verantwortungsbereiche und zusätzliche Arbeitsaufgaben übernommen haben. Stellen Sie gezielt einen Bezug zu ausgewählten Erfolgen in der Vergangenheit dar und formulieren Sie so, dass erkennbar wird, dass Sie beispielsweise aktuell Pech gehabt haben, weil Sie von einer Kündigung in einer wirtschaftlich schwierigen Zeit getroffen wurden, aber grundsätzlich doch ein verlässlicher, leistungsstarker und motivierter Mitarbeiter waren.

Das Vorstellungsgespräch bei problematischen Bewerbungen

Wir wissen aus unserer Beratungstätigkeit, dass problematische Bewerbungen kein Hindernis sind, wenn es um fachliche und persönliche Anforderungen des Unternehmens geht. Problematisch ist meistens die Selbstdarstellung im

Vorstellungsgespräch. Eine ungeschickte oder unbedarfte Präsentation des Bewerbers und die vorhandenen Vorurteile auf Seiten von Personalverantwortlichen führen dazu, dass im Vorstellungsgespräch oft einfach aneinander vorbeigeredet wird. Machen Sie es besser, indem Sie unsere folgenden Hinweise berücksichtigen.

Überzeugen Sie durch optimale Selbstpräsentation

Überzeugen Sie durch eine optimale Selbstpräsentation im Vorstellungsgespräch: Ihr Marketing in eigener Sache gilt bereits als Arbeitsprobe. Sie zeigen durch eine gut passgenaue, stärkenorientierte und glaubwürdige Präsentation Ihrer Einstellungsargumente, dass Sie ein Mensch sind, der bei neuen Herausforderungen, und darum handelt es sich bereits bei der Bewerbung um den neuen Arbeitsplatz, geistig »am Ball bleibt«.

Nichts differiert mehr als die Anforderungen, die unter der gleichen Berufsbezeichnung an Sie gestellt werden. Berufsbezeichnungen haben oft reine Etikettierungsfunktionen. Argumentieren Sie inhaltlich und nicht formal. Wichtiger als die Namen der Positionen, die Sie früher bekleidet haben, sind die Tätigkeitsinhalte. Und die sollten Sie immer taktisch präsentieren, also mit deutlichem Bezug auf die Anforderungen in der neuen Stelle.

BEISPIEL

Die PR-Assistentin nach der Erziehungszeit

Eine Wiedereinsteigerin verpasst im Vorstellungsgespräch die Chance, Personalverantwortliche für sich einzunehmen, wenn Sie auf die Frage »Was reizt Sie an der ausgeschriebenen Position?« antwortet: »Ich war ja schon einmal PR-Assistentin. Dann kamen die Kinder, und ich musste aufhören. Jetzt kann ich wieder anfangen, aber ich muss mich erst einmal orientieren.«

Als Antwort wäre besser geeignet: »Die Zusammenarbeit mit Journalisten und Agenturen ist mir gut vertraut. Wie man Unternehmensnachrichten so aufbereitet, dass eine positive Resonanz in der Presse entsteht, weiß ich aus meiner beruflichen Erfahrung. Das Internet bietet zusätzliche Möglichkeiten der Unternehmensdarstellung, hier kann man sehr schnell reagieren, sollte sich aber vorher intern immer gut abstimmen. Diese Erfahrungen würde ich gerne für Ihr Unternehmen

→ FORTSETZUNG AUF DER NÄCHSTEN SEITE

einsetzen, um in der Tagespresse, den Fachmagazinen und letztlich auch bei den Mitarbeitern im Unternehmen selbst für eine optimale Wahrnehmung zu sorgen.«

Zeigen Sie im Vorstellungsgespräch anhand konkreter Beispiele, dass Sie ein Mensch sind, der sowohl bei der eigenen beruflichen Entwicklung als auch bei Aufgabenstellungen am Arbeitsplatz von sich aus aktiv wird. Zeichnen Sie Ihre bisherige Entwicklung nach und stellen Sie dar, welche Ziele Sie sich gesetzt haben, um beruflich am Ball zu bleiben. Und verdeutlichen Sie, mit welchen Maßnahmen, beispielsweise Weiterbildungen, Sie diese Ziele erreicht haben.

BEISPIEL

Der arbeitslose Energietechniker

An einen arbeitslosen Energietechniker, der für einen Energiekonzern im Außendienst tätig werden wollte, wurde diese Frage gestellt: »Glauben Sie, dass Sie noch den Anschluss an aktuelle Entwicklungen in Ihrem Berufsfeld finden?« Seine Antwort überzeugte nicht: »Mit vierzig gehört man ja heute schon zum alten Eisen. Dabei haben wir Älteren doch auch unsere Vorzüge. Wenn die Entwicklung auch weitergegangen ist, bin ich doch immer noch ein Mann aus der Praxis.«

Er hätte seine Qualifikationen konkreter darstellen müssen, etwa so: »Nachdem ich einige Zeit als Energietechniker gearbeitet habe, wollte ich mehr Beratung direkt beim Kunden leisten. Ich habe dann eine Stelle im Außendienst gesucht. Um Kunden hier umfassend beraten zu können, habe ich eine kaufmännische Weiterbildung gemacht. Die Liberalisierung des Strommarktes ist für mich eine gute Gelegenheit, meine kaufmännischen Kenntnisse und meine Erfahrungen als Energietechniker in der Beratung von Stromkunden bei Ihnen einzusetzen.«

Eine gute Möglichkeit, um Vorurteilen aktiv zu begegnen, ist die Betonung der persönlichen Fähigkeiten, die am neuen Arbeitsplatz gefragt sind. Wer hier gute Argumente liefern kann, und deutlich macht, dass er bisher erfolgreich gearbeitet hat und dies auch in Zukunft tun wird, wird seine Chance bekommen.

BEISPIEL

Die häufig wechselnde Pharmareferentin

Eine Bewerberin, die in relativ kurzer Zeit viermal den Arbeitgeber gewechselt hatte, wurde mit der Frage konfrontiert: »Warum haben Sie so oft den Arbeitsplatz gewechselt?« Bei der Antwort stellte sie jedoch nur ihre Berufsbezeichnung in den Vordergrund: »Als staatlich geprüfte Pharmareferentin konnte ich mir meine Arbeitgeber aussuchen. Es war für mich nicht so wichtig, für wen ich gerade tätig war.«

Um die häufigen Wechsel besser zu begründen, hätte sie teilweise zustimmen und sogleich auf ihre persönlichen Stärken verweisen können: »Sie haben Recht, ich hätte mir auch gewünscht, dass es ein Wechsel weniger gewesen wäre, allerdings hatte ich bei der einen Firma gerade erst angefangen, als im Rahmen einer Fusion schon wieder stellen abgebaut wurden, darunter auch meine. Allerdings sehe ich es deswegen als einer meiner Stärke an, dass ich mich immer schnell in die neue Produktpalette einarbeiten kann. Auch zu meinen Kunden habe ich immer schnell einen guten Draht entwickelt, so konnte ich insgesamt erfolgreich für meine Arbeitgeber tätig sein. Ich habe mich nie auf einer Position ausgeruht, für mich war es immer wichtig, neue Verkaufserfolge zu erzielen und dies habe ich auch geschafft.«

Präzisieren Sie Ihre Erfahrungen

Je mehr berufliche Erfahrung Sie gesammelt haben, desto präziser müssen Sie Ihre Bewerbung aufbereiten. Die bei älteren Bewerbern im Raum stehende Frage »Was haben Ihre sehr umfangreichen bisherigen beruflichen Erfahrungen mit der ausgeschriebenen Position denn genau zu tun?« muss von Ihnen schlüssig beantwortet werden.

BEISPIEL

Der 45-plus-Außendienstmitarbeiter

Ein 48-jähriger Außendienstmitarbeiter, der schon für viele Firmen tätig gewesen ist, bewirbt sich bei einem Werbemittelversand. Die Frage: »Wie wollen Sie Ihre Erfahrungen für uns einsetzen?« beantwortet er leider so: »Ich bin ja viel rumgekommen und habe schon in viele Branchen reingerochen. Vertrieb ist Vertrieb, das kann man, oder man kann es nicht. Mir kann man nichts mehr vormachen, geben Sie mir ein Produkt, ich verkaufe es.«

Um seine umfangreiche Berufserfahrung für die neue Stelle gezielt aufzubereiten, hätte er besser so formuliert: »Bei meinen bisherigen Tätigkeiten im Vertrieb gehörten Werbemittel am Point-of-Sale für mich zum täglichen Handwerkszeug. Beim Einsatz dieser Werbemittel muss man die Gegebenheiten beim Kunden sehr genau im Blick haben, damit der optimale Verkaufseffekt entsteht. Diese Erfahrung würde ich gerne bei Ihnen einsetzen, um meine nachweisbaren Erfolge in der Verkaufssteigerung am Point-of-Sale für Ihre Produktpalette zu nutzen.«

Sie sehen an unseren Beispielen, dass eine gut vorbereitete und auf den Punkt gebrachte Selbstpräsentation der beste Weg ist, um bestehende Vorurteile bei Personalverantwortlichen auszuräumen. Sie brauchen konkrete Belege für bisherige berufliche Erfolge, und Sie müssen in der Lage sein, Ihre Berufserfahrung auf die neue Stelle zuzuschneiden.

Sicherheit durch Ihre Selbstpräsentation

Ein Hauptfehler bei vielen Bewerbern ist immer wieder, dass sie vorwiegend negative Erlebnisse thematisieren. Aufgrund der Brüche in der beruflichen Entwicklung ist dies zwar verständlich, bringt Sie aber dem Ziel, einen neuen Arbeitsvertrag angeboten zu bekommen, auf keinen Fall näher. Damit bei Personalverantwortlichen im Bewerbungsgespräch keine Warnlampen aufblinken und Vorurteile hochgespült werden, müssen Sie – ganz besonders bei problematischen Bewerbungen – Selbstanklagen, Schuldzuweisungen an andere und eine Vergangenheitsfixierung unbedingt vermeiden.

Vermeiden Sie negative Signalwirkungen durch zu lange und zu tiefschürfende Begründungsversuche für Ihr »Handicap«. Der Blick in die Vergangenheit, verbunden mit einer ausführlichen Erläuterung der Gründe der Arbeitslosigkeit, der Entscheidung für Kinder, der Aufnahme einer Fortbildung in Vollzeit oder der häufigen Stellenwechsel, führt im Vorstellungsgespräch nicht zum Ziel.

Wir wissen jedoch aus unserer Beratungstätigkeit, dass es auch für Personen mit einer problematischen Bewerbung möglich ist, einen zupackenden erfolgsorientierten Präsentationsstil zu entwickeln. Denn trotz einzelner »Problematiken« gibt es auch viele Erfolge. Und Ihre Beispiele für erfolgreiches Arbeiten können Sie genauso, wie in den Beispielen dargestellt, mit den persönlichen Fähigkeiten verknüpfen, die in Ihrem Arbeitsfeld besonders gefragt sind. Wenn sich dies alles noch mit einer neu gewonnenen Aufbruchsstimmung verbindet, haben Sie gute Chancen, die Vorurteile der Personalverantwortlichen auszuräumen.

Fragen bei problematischen Bewerbungen

ÜBUNG

Beantworten Sie die zu Ihrer momentanen Situation passenden Fragen. Gehen Sie nicht auf Unterstellungen ein. Verzichten Sie in Ihren Antworten auf die Darstellung von Problemen, Konflikten und Fehlentwicklungen. Stellen Sie Ihre Stärken heraus, benennen Sie konkrete berufliche Erfolge. Beziehen Sie sich in Ihren Antworten auf die Anforderungen der ausgeschriebenen Stelle.
Anmerkung: Einige der aufgeführten Fragen entsprechen nicht den Vorgaben des Allgemeinen Gleichbehandlungsgesetzes/AGG. Dennoch hören wir in unseren Bewerbungsseminaren häufiger, dass die Bewerber mit Brüchen im Lebenslauf Fragen dieser Art beantworten sollten. Wir empfehlen Bewerbern hier ähnlich taktisch zu verfahren wie im Kapitel »Was tun bei unzulässigen Fragen?« bereits vorgestellt.

→ FORTSETZUNG AUF DER NÄCHSTEN SEITE

Fragen an Arbeitslose

»Bedeutet diese Stelle nicht einen Abstieg für Sie?«

Ihre Antwort: ....

....

....

»Haben Sie schon einmal über Ihre Erfolge und Misserfolge nachgedacht? Nennen Sie uns jeweils drei Beispiele!«

Ihre Antwort: ....

....

....

»Würden Sie sich selber einstellen?«

Ihre Antwort: ....

....

....

»Sind Sie nicht überqualifiziert für diese Position?«

Ihre Antwort: ....

....

....

»Was tun Sie, wenn Sie diese Stelle nicht bekommen?«

Ihre Antwort: ....

....

....

»Was würden Sie anders machen, wenn Sie noch einmal die Möglichkeit hätten, von vorne anzufangen?«

Ihre Antwort: ....

....

....

»Werden Sie sich noch einmal beruflich umorientieren?«

Ihre Antwort: ....

....

....

Fragen an Wiedereinsteiger: Mütter

»Wie wollen Sie Ihre Arbeit bei uns erledigen, wenn Ihr Kind krank wird?«

Ihre Antwort: ....

....

....

»Glauben Sie nicht, dass Sie den Anschluss ans Berufsleben verpasst haben?«

Ihre Antwort: ....

....

....

»Welche spezielle Unterstützung brauchen Sie in der Einarbeitungsphase?«

Ihre Antwort: ....

....

....

Fragen an Wiedereinsteiger: nach Fortbildungsmaßnahmen

»Warum haben Sie sich nicht während Ihrer alten Berufstätigkeit, abends und am Wochenende, weitergebildet?«

Ihre Antwort: ....

....

....

»Was hat Ihnen an Ihrer Fortbildungsmaßnahme am meisten gefallen, was am wenigsten?«

Ihre Antwort: ....

....

....

»Wie kamen Sie mit den Dozenten und den anderen Teilnehmern aus?«

Ihre Antwort: ....

....

....

→ FORTSETZUNG AUF DER NÄCHSTEN SEITE

Fragen an 45-plus-Bewerber

»Was haben Ihnen jüngere Kollegen voraus?«

Ihre Antwort: ....

....

....

»Sie laufen doch die 200 Meter auch nicht mehr in derselben Zeit wie mit 20 Jahren. Glauben Sie nicht, dass Ihre Leistungsfähigkeit nachgelassen hat?«

Ihre Antwort: ....

....

....

»Wie alt muss Ihr Stellvertreter mindestens sein, wie alt darf er höchstens sein?«

Ihre Antwort: ....

....

....

»Haben Sie noch berufliche Ziele für die nächsten Jahre?«

Ihre Antwort: ....

....

....

»Was machen Sie nach Ihrem aktiven Erwerbsleben?«

Ihre Antwort: ....

....

....

»Was haben Sie jüngeren Kollegen voraus?«

Ihre Antwort: ....

....

....

»Was haben Sie für Ihre fachliche Weiterbildung getan?«

Ihre Antwort: ....

....

....

Fragen an häufige Jobwechsler

»Warum haben Sie Ihre Stellen so oft gewechselt?«

Ihre Antwort: ....

....

....

»Wie war Ihre Zusammenarbeit mit Mitarbeitern und Kollegen an Ihrem letzten Arbeitsplatz?«

Ihre Antwort: ....

....

....

»Wie kamen Sie mit Ihrem letzten Vorgesetzten aus?«

Ihre Antwort: ....

....

....

»Welche Eigenschaften stören Sie an anderen Menschen am meisten?«

Ihre Antwort: ....

....

....

»Wie lange werden Sie bei uns bleiben?«

Ihre Antwort: ....

....

....

»Beschreiben Sie uns bitte Ihren idealen Vorgesetzten.«

Ihre Antwort: ....

....

....

»Wie halten Sie es mit Routinetätigkeiten?«

Ihre Antwort: ....

....

....

→ FORTSETZUNG AUF DER NÄCHSTEN SEITE

»Wie gehen Sie mit außergewöhnlichen Belastungen am Arbeitsplatz um?«

Ihre Antwort: ....

....

....

»Was ist für Sie wichtiger: eine hohe Arbeitszufriedenheit oder anspruchsvolle Tätigkeiten?«

Ihre Antwort: ....

....

....

Wenn Ihnen Ihre Antworten auf die Fragen schwer fallen, finden Sie Anregungen im Kapitel »Die 50 häufigsten Fragen und die besten Antworten«.

AUF EINEN BLICK

Brüche im Lebenslauf – problematische Bewerbungen

→ Zu den problematischen Bewerbungen gehören: Arbeitslose, Wiedereinsteiger, 45-plus-Bewerber und häufige Jobwechsler.

→ Bei problematischen Bewerbungen müssen Sie im Vorstellungsgespräch Vorurteile von Personalverantwortlichen entkräften.

→ Lange Begründungen für problematische Lebensabschnitte katapultieren Sie aus dem Bewerbungsverfahren.

→ Die Vorurteile der Personalverantwortlichen können durch eine schlüssige Selbstpräsentation ausgeräumt werden.

→ Sie überzeugen Personalverantwortliche, indem Sie Beispiele dafür geben, wie Sie berufliche Aufgaben bereits erfolgreich in der Vergangenheit bewältigt haben, welche neuen Kenntnisse Sie sich in den letzten Jahren angeeignet haben und was Sie an persönlichen Stärken mitbringen, um die Anforderungen der ausgeschriebenen Stelle zu bewältigen.

15. Die 50 häufigsten Fragen und die besten Antworten

Ihr Antwortverhalten lässt sich durch Training positiv beeinflussen. In diesem Kapitel bekommen Sie Anregungen und Ideen, um Ihren eigenen Antwortstil zu entwickeln und auszubauen.

Auf diese Fragen müssen Sie sich einstellen

Damit Ihnen die Vorbereitung auf Vorstellungsgespräche leichter fällt, haben wir für Sie 50 Beispielfragen mit jeweils einer ungeeigneten und einer geeigneten Beispielantwort zusammengestellt. Die aufgeführten Fragen stammen aus der Praxis und werden von Personalverantwortlichen in Bewerbungsgesprächen regelmäßig eingesetzt. Zu jeder dieser häufig gestellten Fragen führen wir eine schlechte und eine gute Antwort auf. An der guten Antwort können Sie sich für Ihre eigenen Formulierungen orientieren.

Anhand der schlechten Antworten können Sie sehen, wie schnell es passieren kann, in ein falsches Antwortverhalten abzurutschen. Oberflächliche Formulierungen, zu knappe Antworten, verbale Gegenangriffe und völliges Unverständnis für die gestellte Frage sind leider die Regel bei Vorstellungsgesprächen.

Wir möchten selbstverständlich verhindern, dass Sie mit Schweigen auf Fragen reagieren, deren Hintergrund Sie nicht verstehen, in Fallen tappen oder sich selbst in ein schlechtes Licht rücken. Die positiven Beispielantworten sollen Sie daher dabei unterstützen ein Gespür dafür zu entwickeln, was von der Firmenseite inhaltlich von Ihnen erwartet wird. Sie werden feststellen, dass sich Ihre bisher geleistete Vorarbeit jetzt auszahlen wird, denn Ihre Antworten werden nun wesentlich glaubwürdiger klingen als diejenigen von unvorbereiteten Bewerberinnen und Bewerbern.

Und genau darauf kommt es uns mit unserem Trainingsprogramm auch an. Sie sollen nicht wie wir formulieren, schließlich tun wir dies vor dem Hintergrund unserer rund

20-jährigen Tätigkeit als Bewerbungsberater und Karrierecoaches doch anders als Sie. Verstehen Sie unsere Beispielantworten daher nicht als Hafen zum Ausruhen oder Anlegen, sondern eher als Leuchtturm, der Ihnen die Richtung weist.

Individualität entscheidet

Damit meinen wir, dass Sie die positiven Antworten keinesfalls auswendig lernen und dann im Gespräch womöglich herunterleiern sollten. Im Gegenteil, den gewünschten Bewerbungserfolg werden Sie nur dann erzielen, wenn Sie authentisch auftreten, also Ihre individuellen Erfahrungen, Leistungen und Erfolge in Ihrer Sprache und Ihrem Stil selbst vertreten. Dass das gelingt, zeigen die zahlreichen E-Mails von Bewerberinnen und Bewerbern, die sich bereits in zahlreichen Vorstellungsgesprächen auf Basis dieses Übungsprogramms überzeugend präsentiert haben. Und das in ganz unterschiedlichen Berufsfeldern, nämlich von der Erzieherin bis hin zum Servicetechniker, vom Vertriebsassistent bis hin zur Marketingleiterin und vom künftigen Landrat bis hin zur Fachärztin.

Machen Sie es genauso wie andere erfolgreiche Bewerberinnen und Bewerber vor Ihnen: Setzen Sie Ihre bisher geleistete Vorarbeit jetzt in souveräne Antworten um. Wenn Sie die vorherigen Kapitel gründlich durchgearbeitet haben, werden Sie in der Lage sein, Ihre Antworten so zu modifizieren, dass Sie einen eigenen Stil entwickeln. Ihr Ziel sollte dabei immer sein, mit eigenen Worten klarzumachen, warum gerade Sie für diese neue Stelle geeignet sind.

Souverän antworten

ÜBUNG

Setzen Sie sich mit einem Freund oder Bekannten an einen Tisch. Lassen Sie sich die 50 Beispielfragen stellen, ohne die Antworten vorher gelesen zu haben. Wenn Sie mit Ihrer Antwort in der Nähe der geeigneten Beispielantworten liegen, können Sie sich gratulieren.

Fragen, die Sie nicht ohne weiteres beantworten können oder bei denen Sie mit Ihrer Antwort daneben liegen, lassen Sie von Ihrem Gesprächspartner ankreuzen. Diese Fragen sollten Sie sich in einer zweiten Runde noch einmal stellen lassen, nachdem Sie sich vorher mit unseren geeigneten Beispielant-

→ FORTSETZUNG AUF DER NÄCHSTEN SEITE

worten auseinandergesetzt haben. Die zweite Runde wird Ihnen besser gelingen, wenn Sie hierbei auch gezielt Elemente aus Ihrer Selbstpräsentation einsetzen und noch einmal unsere Erläuterungen zu den Fragen im Kapitel »Auf diese Fragen sollten Sie sich vorbereiten« durcharbeiten.

Die folgenden Beispielfragen sind untergliedert in die Themenbereiche:

- → **Fragen zur Motivation der Bewerbung,**
- → **Fragen zur beruflichen Entwicklung,**
- → **Fragen zum Selbstbild,**
- → **Fragen zur Firma,**
- → **Fragen zur privaten Lebensgestaltung,**
- → **Fragen an Arbeitslose,**
- → **Fragen an Wiedereinsteiger,**
- → **Fragen an 45-plus-Bewerber,**
- → **Fragen an häufige Jobwechsler,**
- → **Stressfragen.**

Fragen zur Motivation der Bewerbung

1. »Was würden Sie am ersten Tag in unserer Firma machen?«
   Negative Antwort: »Mich vorstellen und schauen, wie es so bei Ihnen läuft, ich muss mich ja erst mal zurechtfinden.«
   Positive Antwort: »Ich mache mich mit meinen Kollegen, Mitarbeitern und Vorgesetzten bekannt, soweit dies nicht schon geschehen ist. Dann werde ich mich um die Entscheidungs- und Informationswege in der Firma kümmern, um zu verstehen, wie meine neuen Aufgaben bisher bewältigt und Entscheidungen getroffen wurden.«

2. »Was wollen Sie in fünf Jahren erreicht haben?«
Negative Antwort: »So weit denke ich nicht, selbst die Experten verlieren bei den vielen Krisen in den letzten Jahren ja jedes bisschen Glaubwürdigkeit bei ihren Prognosen für die Zukunft.«
Positive Antwort: »Ich möchte erreichen, dass mir zusätzliche Aufgaben und Verantwortungsbereiche übertragen werden. So möchte ich gerne [wenn es zur ausgeschriebenen Position passt] Personal- und Budgetverantwortung übernehmen. Mich würde es auch reizen, an abteilungsübergreifenden Projekten beispielsweise zur Qualitätsverbesserung / zur Senkung der Einkaufspreise / zur Verbesserung der Liefertermine / zur Kundenzufriedenheit mitzuarbeiten.«

3. »Warum haben Sie sich gerade bei uns beworben?«
Negative Antwort: »Die Stellenanzeige schien zu passen und bei meinem alten Arbeitgeber fühlte ich mich schon länger nicht mehr gefordert. Da dachte ich, dass es jetzt Zeit für etwas Neues wäre.«
Positive Antwort: »Weil meine bisherige berufliche Entwicklung mich darauf vorbereitet hat, die Aufgaben eines XYZ bei Ihnen zu übernehmen. So habe ich bereits ... Projektteams geleitet, die Materialbeschaffung neu organisiert, umfassende Vertriebserfahrung in Ihrer Branche gesammelt, das Office Management neu gestaltet ...« [Weitere Anregungen finden Sie im Kapitel: »Warum sollten wir gerade Sie einstellen? Ihre Einstellungsargumente in Form einer Selbstpräsentation«.]

4. »Nennen Sie mir Ihre zwei schönsten Erfolge!«
Negative Antwort: »Ich bin ganz besonders stolz darauf, dass wir es mit unserer Bowling-Mannschaft geschafft haben, in die Zweite Altherren-Liga aufzusteigen. Als weiteren Erfolg sehe ich, dass ich den Startknopf bei der feierlichen Einweihung unserer neuen Produktionsanlage drücken durfte.«
Positive Antwort: »Besonders schön fand ich, dass wir in meiner bisherigen Firma aufgrund der von mir eingebrachten Verbesserungsvorschläge die Fehlerquote in der Produktion drastisch reduzieren konnten.« Oder »Durch die von mir

entwickelten Gesprächsleitfäden für den Außendienst konnten wir sowohl die Produktakzeptanz als auch die Umsatzzahlen erheblich steigern.« [Wählen Sie zwei berufliche Aufgaben aus Ihrem bisherigen Werdegang aus, die Sie besonders gut gelöst haben.]

Fragen zur beruflichen Entwicklung

5. »Aus welchen Gründen haben Sie sich für Ihren Beruf entschieden?«
   Negative Antwort: »Damals gab es viele freie Stellen in dem Bereich XYZ und dann galt dieser Bereich ja auch noch – ganz anders als heute – als besonders zukunftssicher.«
   Positive Antwort: »Die Chancen, die sich mir durch die Aufnahme einer Ausbildung zum/eines Studiums der ... geboten haben, konnte ich nutzen und habe mich daher nach der Ausbildung/nach dem Studium für die Aufnahme einer Tätigkeit als ... entschieden. Wichtig für mich sind die Möglichkeiten, ... zum direkten Kundenkontakt/im Unternehmen organisatorisch tätig zu sein/abteilungsübergreifend zu arbeiten/Unternehmensstrategien in konkrete Arbeitsabläufe umzusetzen/technische Innovationen in Markterfolge umzusetzen/Mitarbeiter zu führen.«

---

6. »Gibt es eine innere Logik hinter Ihrem bisherigen beruflichen Werdegang?«
   Negative Antwort: »Mir war ein guter Verdienst immer wichtig und ich habe es auch geschafft, die entsprechenden Gehaltserhöhungen zu bekommen. Also kann ich nicht so schlecht gewesen sein.«
   Positive Antwort: »In meiner ersten beruflichen Position konnte ich meine Ausbildungs-/Studieninhalte nutzen, um erste berufliche Aufgaben zu bewältigen. Wichtig für mich war es auch, Arbeitsabläufe in meinem Bereich genauer zu analysieren, um die damit verbundenen Teilschritte innerhalb und außerhalb der Abteilung besser zu verstehen. Diese Arbeitsmethodik konnte ich dann in meiner zweiten Position bei der Firma XYZ in ... der Verwaltung/Produktion/dem Verkauf/Außendienst/Service ... einsetzen, um umfassendere Aufgaben wahrzunehmen. Die von mir ge-

zeigten Leistungen ermöglichten mir dann den Wechsel in meine jetzige Position.«

7. »Was hat Ihnen an Ihrem alten Arbeitsplatz überhaupt nicht gefallen?«
Negative Antwort: »Da gibt es mehrere Sachen. Es lief immer alles nach Schema F ab, die Kollegen haben bei der Zusammenarbeit immer wieder gemauert und meine Abteilungsleiterin war völlig planlos.«
Positive Antwort: »Ich war eigentlich zufrieden. Die eine oder andere punktuelle Verbesserungsmöglichkeit lässt sich natürlich immer finden. Im Wesentlichen sind es die fehlenden Entwicklungsmöglichkeiten, die mich zu einer Bewerbung bei Ihnen veranlasst haben.«

8. »Warum haben Sie noch nie den Arbeitgeber gewechselt?«
Negative Antwort: »Auf die Idee bin ich vor meiner Kündigung nicht gekommen.«
Positive Antwort: »Ich hatte die Möglichkeit, mich innerhalb der Firma im Laufe der Jahre zu entwickeln. Auch wenn sich meine offizielle Tätigkeitsbezeichnung dabei nicht verändert hat, habe ich doch immer wieder neue Aufgabenbereiche und Sonderaufgaben übernommen, beispielsweise ... [Beispiele geben] und die angebotenen Weiterbildungsmöglichkeiten genutzt. So habe ich mich vor einigen Jahren intensiv mit dem Thema XY beschäftigt und konnte in der Firma deshalb auch zusätzlich im Bereich Z eingesetzt werden.«

Fragen zum Selbstbild

9. »Inwieweit haben Sie sich in den letzten fünf Jahren in Ihrer Persönlichkeit verändert?«
Negative Antwort: »Ich bin mir selbst treu und deshalb immer der Gleiche geblieben.«
Positive Antwort: »Ich habe mehr Verständnis für andere Menschen entwickelt. Früher habe ich es manchmal nicht verstanden, wie man anderer Ansicht sein konnte, beispielsweise, wenn es um Veränderungen im Arbeitsablauf ging. Heute weiß ich, dass verschiedene Blickwinkel nützlich sein können.«

10. »Wenn wir einen Ihrer derzeitigen Kollegen fragen würden, wie würde er Sie beschreiben?«
Negative Antwort: »Das ist im Moment etwas schwierig, da ich mich mit vielen Kollegen überworfen habe.«
Positive Antwort: »Als jederzeit gesprächsbereit, zielorientiert und begeisterungsfähig. So konnten wir in unserer Abteilung ... durch gegenseitigen Informationsaustausch und Hilfe in der Startphase die Einführung einer neuen Software reibungslos gestalten.« [Nennen Sie ein Beispiel aus Ihrer Berufspraxis, durch das die gute kollegiale Zusammenarbeit deutlich wird.]

11. »Wie gehen Sie mit persönlichen Krisen um?«
Negative Antwort: »Ich versuche mich zu besinnen und Ruhe zu finden, aber das gelingt mir schon seit Jahren immer schwerer.«
Positive Antwort: »Jeder hat mal einen schlechten Tag, auch ich. Dann treffe ich mich mit Freunden oder gehe mit meiner Frau spazieren, und am nächsten Tag geht es dann in alter Frische weiter.«

12. Was würden Sie tun, wenn Sie mehr Freizeit hätten?
Negative Antwort: »Ich hätte endlich Zeit für meine Hobbys und für längere Reisen.«
Positive Antwort: »Einen Teil würde ich sicherlich meiner Familie/meinem Lebensgefährten widmen. Daneben würde ich gezielt nach Weiterbildungsmaßnahmen suchen. Neben der Erweiterung meiner Sprachkenntnisse würden mich auch Seminare zu den Themen ... und ... [Verhandlungstechniken, Qualitätssicherung, Direktmarketing] interessieren.«

Fragen zur Firma

13. »Kennen Sie unsere Produkte/Dienstleistungen? Was interessiert Sie daran?«
Negative Antwort: »Günstig sind die Angebote Ihrer Firma nicht gerade. Ihr Marketing scheint ziemlich gut zu sein, wenn Sie sich so lange am Markt behauptet haben. Na ja, Qualität spielt natürlich auch eine gewisse Rolle.«

Positive Antwort: »Ich habe mich vor meiner Bewerbung bei Ihnen über Ihre Produktpalette /Ihr Leistungsangebot informiert. Dazu habe ich mich auch intensiv auf Ihrer Firmenhomepage umgesehen und mich sehr gefreut, da ich viele Berührungspunkte zu meiner jetzigen Tätigkeit gefunden habe. Zum einen interessiert mich die Nähe Ihrer Produkte/Dienstleistungen zu dem, was ich momentan tue, zum anderen glaube ich, dass ich mit meiner Berufserfahrung im Bereich XY einiges zu Ihrem Unternehmenserfolg beitragen kann.«

---

14. »Was wissen Sie über unsere Branche?«
Negative Antwort: »Ich komme ja aus einer anderen Branche, aber so groß sind die Unterschiede wahrscheinlich nicht, in jeder Branche muss ja Leistung zeigen, um nicht am Markt unterzugehen.«
Positive Antwort: »Aus meinen vorangegangenen Tätigkeiten verfüge ich über umfassendes Branchenwissen [wenn es stimmt].« Oder: »Ich weiß, dass Ihre Branche durch ... [hohe Qualitätsanforderungen, großen Innovationsdruck, Preiswettbewerb, erklärungsbedürftige Produkte/Dienstleistungen] gekennzeichnet ist.«

Fragen zur privaten Lebensgestaltung

15. »Was denkt Ihr Lebenspartner über Ihren Beruf?«
Negative Antwort: »Wir haben uns doch etwas auseinander gelebt. Da hilft es, dass jeder seinen eigenen Berufsweg geht.«
Positive Antwort: »Mein Lebenspartner unterstützt mich in meiner beruflichen Entwicklung. Wir haben uns zusammengesetzt und über die Folgen meines beruflichen Engagements gesprochen. Mein Partner weiß, was auf ihn zu kommt, und trägt meine Entscheidung zum Stellenwechsel voll und ganz mit.«

---

16. »Wie sieht Ihre private Lebensplanung aus?«
Negative Antwort: »Ich habe noch viele offene Wünsche, hoffentlich bleiben sie nicht unerfüllt.«
Positive Antwort: »Ich bemühe mich, meine beruflichen und privaten Planungen in Einklang zu bringen, dies gelingt

mir ganz gut. Bei Ihnen kann ich ja auch wie bisher schon gleich um 7 Uhr anfangen zu arbeiten, da bleibt noch etwas vom Tag für das Privatleben übrig.«

17. »Sind Sie in Ihrer Freizeit lieber allein oder ziehen Sie die Geselligkeit in der Gruppe vor?«
Negative Antwort: »Mit dieser Cliquen-Seligkeit kann ich überhaupt nichts anfangen.«
Positive Antwort: »Ich treffe mich gerne mit Freunden und organisiere auch gerne gemeinsame Freizeitveranstaltungen mit, aber ich arbeite auch gerne im Garten und lese auch gerne einmal ein gutes Buch vor dem Kamin.«

18. »Wie entspannen Sie sich?«
Negative Antwort: »Ein gutes Essen und dazu eine Flasche Wein, dann sieht die Welt gleich ganz anders aus.«
Positive Antwort: »Ich halte mich fit durch Rad fahren/wandern/schwimmen/joggen und genieße die gemeinsamen Ausflüge mit meiner Frau/meinem Mann und meinen Kindern.«

Fragen an Arbeitslose

19. »Würden Sie sich selber einstellen?«
Negative Antwort: »Na ja, es gibt wohl viele Bewerber, die deutlich mehr zu bieten haben, hmmm.«
Positive Antwort: »Wenn ich eine berufliche Position zu vergeben hätte, in der meine Fähigkeiten gefagt sind, ja. So habe ich in meiner Tätigkeit als ... .« [Anregungen, wie Sie diese Antwort fortsetzen können, finden Sie auch im Kapitel »Warum sollten wir gerade Sie einstellen? Ihre Einstellungsargumente in Form einer Selbstpräsentation«.]

20. »Bedeutet diese Stelle nicht einen beruflichen Abstieg für Sie?«
Negative Antwort: »Ich bin jetzt so weit, dass ich alles nehme, was mir angeboten wird.«
Positive Antwort: »Für mich ist es wichtig, im Arbeitsmarkt Fuß zu fassen und Ihnen zu zeigen, was ich kann. Die Gelegenheit, mich in einer neuen Stelle zu beweisen, steht daher für mich im Vordergrund.«

21. »Können Sie sich überhaupt noch für den Berufsalltag motivieren?«
Negative Antwort: »Ich glaube, dass jetzt eine große Umstellung auf mich zukommt.«
Positive Antwort: »Mich hat die ganze Zeit die Aussicht auf den Wiedereinstieg in den Berufsalltag motiviert. Ich arbeite gerne.«

22. »Werden Sie sich noch einmal beruflich umorientieren?«
Negative Antwort: »Kann schon sein.«
Positive Antwort: »Ich möchte in einer Position arbeiten, in der meine Erfahrungen und Qualifikationen gefragt sind. Natürlich möchte ich mich auch weiterentwickeln und weiterbilden, um nicht stehen zu bleiben. Ich gehe aber stark davon aus, dass das innerhalb meines Berufsfeldes möglich ist.«

23. »Sind Sie nicht überqualifiziert für diese Position?«
Negative Antwort: »Das stimmt, aber wenn ich erst mal wieder im Beruf bin, kann ich mir dann ja mittelfristig etwas Besseres suchen.«
Positive Antwort: »Für mich steht die Aufgabe im Vordergrund. Ich möchte die beruflichen Aufgabenstellungen lösen, die mein neues Tätigkeitsfeld mit sich bringt. Auch in meiner letzten Tätigkeit habe ich neben anderen Aufgaben die Tätigkeiten ... ausgeführt.«

24. »Warum waren Sie so lange arbeitslos?«
Negative Antwort: »Es waren halt schwierige Umstände, und wenn man erst einmal draußen ist, wird es immer schwerer, wieder Arbeit zu finden.«
Positive Antwort: »Ich hätte mir auch eine frühere Rückkehr ins Berufsleben gewünscht. Leider war es eine Zeit lang nicht möglich, eine Stelle zu finden, in der meine bisherige Berufserfahrung gefragt gewesen wäre.«

Fragen an Wiedereinsteiger

25. »Was haben Sie während der letzten Jahre getan, um beruflich am Ball zu bleiben?«
Negative Antwort: »Hören Sie mal, Kindererziehung ist schließlich ein Fulltime-Job. Außerdem steigert man da automatisch sein Organisationstalent, sein Zeitmanagement und seine Führungsstärke.«
Positive Antwort: »Ich habe ausgewählte Seminare und Kurse besucht, zum Beispiel Computerkurse Tabellenkalkulation und Sprachkurse. Daneben habe ich in meinem Arbeitsgebiet Urlaubsvertretungen auf 400-Euro-Basis gemacht.«

26. »Wie wollen Sie Ihre Arbeit erledigen, wenn Ihr Kind krank wird?«
Negative Antwort: »Ich hoffe in diesem Fall auf Ihre Unterstützung. Schließlich kann ich mein Kind ja nicht einfach krank zu Hause liegen lassen.«
Positive Antwort: »Ich habe mir darüber auch schon Gedanken gemacht und für diesen Fall eine Möglichkeit der Betreuung meines Kindes organisiert, sodass ich auf jeden Fall meine Arbeitsaufgaben wahrnehmen kann.«

27. »Welche spezielle Unterstützung brauchen Sie in der Einarbeitungsphase?«
Negative Antwort: »Ich bin schon so lange raus aus dem Berufsleben, dass ich erst wieder langsam an meine neuen Aufgaben herangeführt werden müsste.«
Positive Antwort: »Nur die übliche Einarbeitung. Ich möchte mich mit den bei Ihnen üblichen Arbeitsabläufen vertraut machen. Beim Einsatz Ihrer Firmensoftware kann ich auf gute Kenntnisse in der Anwendung von Standardsoftware zurückgreifen. Um meine Arbeit gut mit den anderen Mitarbeitern abzustimmen, wäre es sicherlich hilfreich, wenn ich in der Einarbeitungszeit einen Ansprechpartner hätte.«

28. »Warum haben Sie sich nicht parallel zu Ihrer bisherigen Berufstätigkeit weitergebildet?«
Negative Antwort: »Das wäre einfach nicht gegangen.«
Positive Antwort: »Bei dem Umfang der Weiterbildung wäre es für mich nicht möglich gewesen, meine beruflichen

Aufgaben optimal zu erfüllen. Daher habe ich mich dafür entschieden, eine Vollzeitweiterbildung zu machen.«

29. »Hätten Sie nicht auch ohne die Weiterbildungsmaßnahme eine Arbeit finden können?«
Negative Antwort: »Es war für mich wichtig, mal eine Zeit lang den beruflichen Druck und Stress hinter mir zu lassen.«
Positive Antwort: »Ich hätte sicherlich irgendeine Arbeit finden können. Das wäre dann aber keine Stelle gewesen, in die ich meine Stärken hätte einbringen können. Außerdem wollte ich für meinen neuen Beruf umfassend qualifiziert sein.«

30. »Welche andere Weiterbildungsmaßnahme wäre für Sie noch in Frage gekommen?«
Negative Antwort: »Ich hätte auch etwas anderes genommen, aber mein Berater beim Arbeitsamt hatte nur noch einen Platz in dieser Maßnahme frei.«
Positive Antwort: »Da ich mich für eine Stelle als ... qualifizieren wollte, wäre für mich keine andere Weiterbildungsmaßnahme in Frage gekommen.«

Fragen an 45-plus-Bewerber

31. »Wie alt muss Ihr Stellvertreter mindestens sein, wie alt darf er höchstens sein?«
Negative Antwort: »Er kann ruhig jünger sein als ich, ich bringe ihm schon alles Wesentliche bei.«
Positive Antwort: »Sein berufliches Profil muss stimmen, denn die Akzeptanz bemisst sich letztendlich doch eher nach den Fähigkeiten als nach dem Alter.«

32. »Was machen Sie nach Ihrem aktiven Erwerbsleben?«
Negative Antwort: »Ich lasse alles hinter mir und beginne mein zweites Leben.«
Positive Antwort: »Für mich steht der Beruf im Vordergrund. Ich könnte mir vorstellen, dass ich mich später mehr um meine Hobbys kümmere. Aber im Moment liegt das noch in weiter Ferne.«

33. »Sind Sie nicht zu alt für diese Position?«
Negative Antwort: »Nein.«
Positive Antwort: »Die neue Position ist für mich ein sehr interessanter Schritt. Bisher habe ich mich mit den beruflichen Aufgaben ... und ... auseinandergesetzt. Dabei habe ich sehr gute Erfolge erzielt. Diese erfolgreiche Arbeitsweise werde ich auch in der neuen Position einsetzen.«

34. »Sind Sie bereit, noch einmal umzuziehen?«
Negative Antwort: »Das wird schwierig. Ich möchte meine Kinder nicht aus ihrer jetzigen Schule herausnehmen, und mein Haus ist auch noch nicht ganz abbezahlt.«
Positive Antwort: »Wenn meine beruflichen Aufgaben es verlangen, würde ich umziehen.«

35. »Was haben Sie jüngeren Kollegen voraus?«
Negative Antwort: »Lebenserfahrung.«
Positive Antwort: »Das kann ich so pauschal nicht sagen. Für mich war es wichtig und entscheidend, dass ich gemerkt habe, dass ich immer weiter lernen und mich weiterentwickeln muss, um auf der Höhe der Zeit zu bleiben. Berufseinsteigern habe ich sicherlich Branchenerfahrung und Berufspraxis voraus.«

36. »Welche beruflichen Ziele haben Sie noch?«
Negative Antwort: »Ich glaube, dass es für mich nicht mehr viel zu erreichen gibt.«
Positive Antwort: »Mich immer wieder neuen Aufgaben stellen. Ich weiß, dass ich die beruflichen Routineaufgaben auf meinem Gebiet schnell und effektiv lösen kann. Neben dem Tagesgeschäft würde ich auch gerne Sonderaufgaben oder Projektverantwortung übernehmen.«

Fragen an häufige Jobwechsler

37. »Warum haben Sie Ihre Arbeitgeber so oft gewechselt?«
Negative Antwort: »Ich frage mich auch, warum ich mir immer wieder die falschen Arbeitgeber aussuche.«
Positive Antwort: »Dies lag nur teilweise an mir. Zur Firma Müller bin ich gegangen, weil ich dort einen Bekannten

hatte, der mir die Bewerbung empfohlen hatte, weil es eine freie Stelle gab, die extern noch gar nicht ausgeschrieben worden war. Leider ging die Firma dann innerhalb von fünf Monaten in Konkurs, was ja keiner ahnen konnte. Bei der nächsten Firma hatte ich einfach Pech, dort war ich nur siebzehn Monate. Ich wusste, dass es auf dem Arbeitsmarkt sehr schwer werden würde, wenn ich gleich zu dem Zeitpunkt aufgegeben hätten, an dem die ersten Schwierigkeiten auftraten. Dies war nämlich schon in den ersten Wochen der Fall. Ich habe aber die Zähne zusammen gebissen und weiter gemacht. Am Ende hat alles nichts genützt. Mein Vertrag war befristet, insgesamt wurden Stellen abgebaut und daher mein Vertrag auch nicht verlängert. Bei der Firma Schmidt habe ich aber auch über fünf Jahre erfolgreich mitgearbeitet. Ich habe dort vieles erreichen können, beispielsweise die Serviceplanung in Abstimmung mit dem Vertrieb neu gestaltet, so konnten direkt nach dem Service oder bei offensichtlichen Mängeln der Maschinen gleich parallel zum Service passende Angebote erstellt werden. Ähnliche Erfolge möchte ich auch für Sie erreichen.

38. »Was stört Sie an anderen Menschen am meisten?«
Negative Antwort: »Ich habe oft den Eindruck, dass mich einige Leute absichtlich ärgern wollen. Es stört mich besonders, wenn Kollegen meine Vorschläge nicht gleich begreifen und meinen Ideen nicht folgen wollen.«
Positive Antwort: »Ich erwarte von mir, dass ich mit anderen Menschen gut auskomme. Es stört mich manchmal, wenn bei einzelnen Menschen oder auch bei Gruppen ein allgemeiner Jammerzustand einsetzt und keine Bereitschaft mehr da ist, sich für gemeinsame Ziele einzusetzen.«

39. »Waren Sie in Ihrer letzten Firma ein Außenseiter?«
Negative Antwort: »Wie würden Sie sich in einem Haufen von Idioten vorkommen?«
Positive Antwort: »Ich bin mit meinen Vorgesetzten und Kollegen gut ausgekommen. Im Arbeitsalltag konnten wir uns aufeinander verlassen. Ich habe mich gelegentlich

auch privat mit einigen Kollegen getroffen, um gemeinsam etwas zu unternehmen.«

40. »Wie lange werden Sie bei uns bleiben?«
Negative Antwort: »Aufgrund meiner schlechten Erfahrungen in den letzten beiden Stellen bin ich da mit meiner Prognose lieber zurückhaltend.«
Positive Antwort: »Sie spielen hier wohl auf meine letzten beiden Stellen an, da war ich wirklich nicht so lange dabei, wie ich es mir gewünscht hätte. Allerdings wurde in der letzten Stelle im Rahmen der Wirtschaftskrise deutlich Personal abgebaut, und da ich einer der letzten war, die eingestellt wurden, wurde mir dann leider auch schnell gekündigt. Sowohl nach meiner Ausbildung als auch in der sich anschließenden Stelle habe ich aber jeweils mehrere Jahre gearbeitet. Dies möchte ich auch für Sie tun.«

Stressfragen

41. »Erinnern Sie sich an Ihren schlechtesten Vorgesetzten. Was hat Sie am meisten an ihm gestört?«
Negative Antwort: »An meinen damaligen Ausbildungsleiter möchte ich gar nicht erinnert werden. Es gab ständig Streit, und ich musste mich immer sehr beherrschen, um mich nicht zu vergessen. Der Mann war ein Ausbund an Inkompetenz, hatte überhaupt keinen Draht zu Jugendlichen, missbrauchte seine Machtposition, um mich anzuschwärzen, und war überall im Betrieb unbeliebt.«
Positive Antwort: »Jeder hat seine Eigenarten. Mit meinen bisherigen Vorgesetzten habe ich immer gut zusammengearbeitet. Wenn man zur richtigen Zeit mit den richtigen Fragen und Ideen kommt, findet man auch ein offenes Ohr.«

42. »Ihre Arbeitszeugnisse sind zu gut, ich habe den Eindruck, dass man Sie an Ihrem alten Arbeitsplatz loswerden möchte.«
Negative Antwort: »Die Firma weiß, dass ich wechseln will, und wird sich hüten, mir Steine in den Weg zu legen.«
Positive Antwort: »Mein Arbeitgeber bedauert, dass ich die Firma wechseln möchte. Meine jetzige Firma weiß um

die Erfolge, die ich zusammen mit meinen Kollegen erreichen konnte, und hat dies auch im Arbeitszeugnis ausgedrückt.«

43. »Ihre Fähigkeiten sind eher durchschnittlich, finden Sie nicht auch?«
Negative Antwort: »Tja, was soll ich dazu sagen?«
Positive Antwort: »Ich verfüge über gute Branchenkenntnisse/Kenntnisse der Abläufe in der ABC-Abteilung. Daneben habe ich gute ...-Kenntnisse [EDV, Sprachen]. Die Rückmeldungen auf meine Arbeitsergebnisse waren ebenfalls gut. So habe ich öfter von Kollegen gehört, dass Sie gerne mit mir zusammenarbeiten und bei den Mitarbeitergesprächen, die jährlich stattfanden, wurde mir auch immer wieder bestätigt, dass meine Vorgesetzten mit meinen Leistungen zufrieden sind.«

44. »Verlieren Sie den Überblick, wenn es hektisch wird?«
Negative Antwort: »Niemals.«
Positive Antwort: »Viele der von mir erledigten Aufgaben standen unter großem Zeitdruck und mussten trotzdem sorgfältig erledigt werden. So war ich zum Beispiel ... während der Umstellung der Produktion/der Einführung moderner Informationstechnologien für den Außendienst/der Umsetzung neuer Richtlinien ... zuständig für die Koordination/die Erstellung von Arbeitsanweisungen/die Einarbeitung von Mitarbeitern etc.« [Greifen Sie auf eine besondere Aufgabe aus Ihrem Berufsalltag zurück].

45. »Auf wessen Seite stehen Sie, wenn es zu Konflikten in Ihrer Firma kommt? Auf der Seite Ihrer Kollegen oder auf der Seite Ihres Vorgesetzten?«
Negative Antwort: »Wir halten unter den Kollegen gut zusammen, wenn es um die da oben geht.«
Positive Antwort: »Ich finde es wichtig, Konflikte aufzulösen, und beteilige mich daher nicht an Grabenkämpfen. Mein Lösungsvorschlag wäre es, die Situation erst einmal gründlich zu klären, indem man beide Seiten anhört, um dann Lösungen zu finden, mit denen alle leben können.«

46. »Welche berufliche Position hätten Sie heute, wenn Sie stets in einem optimalen Umfeld gearbeitet hätten?«
Negative Antwort: »Ich wäre sicherlich weiter gekommen. Man hat mich aber immer wieder wegen Kleinigkeiten von der Beförderung ausgeschlossen. Manchmal war ich einfach nicht in der richtigen Seilschaft.«
Positive Antwort: »Ich bin mit meinem beruflichen Werdegang zufrieden. Mir war es immer wichtig, meine beruflichen Aufgaben zu erledigen, und ich habe auch die Anerkennung dafür bekommen.«

47. »Was würden Sie in Ihrer Firma ändern, wenn Sie das Sagen hätten?«
Negative Antwort: »Ich würde dafür sorgen, dass endlich diejenigen, die die Arbeit erledigen, auch das Sagen haben. Es geht doch nicht an, dass wir in der Entwicklungsabteilung uns ständig vom Marketing bevormunden lassen müssen.«
Positive Antwort: »Für die Bereiche, in denen ich tätig bin, habe ich der Geschäftsleitung immer wieder Optimierungsvorschläge vorgelegt, die oft auch umgesetzt wurden. Um die gesamte Firma in den Blick zu bekommen, müsste man sicherlich eine abteilungsübergreifende Arbeitsgruppe bilden.«

48. »Trauen Sie sich die neue Aufgabe wirklich zu?«
Negative Antwort: »Es wird doch überall nur mit Wasser gekocht.«
Positive Antwort: »Ich habe bereits ähnliche Aufgaben bewältigt, hinzu kommt meine Branchenerfahrung. Grundsätzlich bin ich in diesem Gespräch in meiner Meinung bestätigt worden, dass die neue Stelle eine Fortsetzung meiner bisherigen beruflichen Aufgaben ist. Daher bin ich mir sicher, dass ich für Sie gute Arbeit leisten werde.«

49. »Was war Ihr größter Fehler?«
Negative Antwort: »Ich hätte damals studieren und keine Ausbildung machen sollen, dann wäre ich heute weiter.«
Positive Antwort: »Ich hätte sicherlich das eine oder andere anders machen können, aber ich habe meine bisherigen

beruflichen Ziele erreicht. Daher glaube ich nicht, dass ich irgendwann einen großen Fehler gemacht habe.«

50. »Sie haben mich noch nicht überzeugt, ich glaube, Sie passen nicht zu uns.«
Negative Antwort: »Dann eben nicht.«
Positive Antwort: »Das ist schade, da mich der bisherige Verlauf des Gespräches in meinem Wunsch bestärkt hat, bei Ihnen zu arbeiten. Es ist so, dass ich in meiner letzten Position die Aufgaben X, Y und Z übernommen habe. Diese Berufserfahrung und mein Wissen möchte ich gerne für Sie einsetzen.«

Wünschen Sie sich nach diesem Trainingsprogramm noch mehr Übungsfragen und noch mehr ungeeignete und überzeugende Beispielantworten? Dann empfehlen wir Ihnen zur Vorbereitung auf Vorstellungsgespräche zusätzlich unseren Praxisratgeber »Trainingsmappe Vorstellungsgespräch. Die 200 entscheidenden Fragen und die besten Antworten«. In dem genannten Ratgeber machen wir Sie mit 200 Fragen vertraut und stellen Ihnen darüber hinaus 200 negative, aber auch 200 positive Beispielantworten vor.

16. Wie geht es nach dem ersten Gespräch weiter?

In diesem Kapitel erläutern wir Ihnen, wie es nach einem ersten Vorstellungsgespräch für Sie weitergeht. Sie erfahren, wie Sie Ihre Vorstellungsgespräche auswerten können, wann und wie Sie nach Vorstellungsgesprächen telefonisch oder per E-Mail diplomatisch nachfassen sollten, mit welchen Auswahlverfahren Sie nach erfolgreich verlaufenen Vorstellungsgesprächen rechnen müssen und welche Überlegungen hinsichtlich Ihrer weiteren Bewerbungsstrategie anzustellen sind.

Ziehen Sie Bilanz

Damit Sie sich im neuen Job wohlfühlen und gute Arbeit leisten können, ist es wichtig, dass Sie – unabhängig von der Entscheidung der einstellenden Firma – nach dem ersten Treffen eine persönliche erste Zwischenbilanz ziehen. Was spricht für die neue Stelle? Und was sehen Sie eher kritisch? Wenn die positiven Dinge überwiegen, sollten Sie weiter aktiv bleiben. Bringen Sie sich, Ihr Können und Ihre Erfahrungen telefonisch oder per E-Mail gezielt in Erinnerung. Und erkundigen Sie sich auch nach dem weiteren Ablauf des Auswahlverfahrens, um sich auf die nächsten Auswahlschritte der einstellenden Firma vorbereiten zu können.

Ihre Meinung ist gefragt: Vorstellungsgespräche auswerten

Unserer Ansicht nach sollten Sie im Vorstellungsgespräch immer das Ziel verfolgen, dass die Firma Ihnen im Anschluss einen Arbeitsvertrag anbietet. Und zwar auch dann, wenn Sie bereits im Gespräch Zweifel bekommen, ob Sie in dieser Firma langfristig überhaupt glücklich werden könnten. Sehen Sie es in diesen Fällen sportlich, nutzen Sie das Gespräch als sinnvolle Übungsmöglichkeit, um Ihre beruflichen Stärken detailliert zu präsentieren. Geben Sie auch in Zweifelsfällen bis zum Schluss Ihr Bestes, um ein Angebot zu bekommen.

Dies ist zum einen gut für Ihr Selbstbewusstsein. Und zum anderen sollten Sie Ihre Entscheidung darüber, ob Sie in einer Firma anfangen wollen oder nicht ganz in Ruhe und systematisch zu Hause treffen. Spielen Sie das Vorstellungsgespräch dann noch einmal in Gedanken durch und überlegen Sie dabei, an welchen Stellen Sie mit den Antworten der Firmenvertreter weniger und an welchen Sie mehr zufrieden waren. Vergleichen Sie, was sich für Sie – bezogen auf Ihren derzeitigen Arbeitsplatz – verschlechtern würde, was gleich bliebe und was sich verbessern würde.

Spielen Sie das Gespräch noch einmal in Gedanken durch

Wägen Sie ab, welchen Stellenwert für Sie die Aufgaben im Tagesgeschäft, die Ausstattung des Arbeitsplatzes, der Kontakt zu Vorgesetzten, Kollegen und gegebenenfalls auch Kunden, die Entwicklungsmöglichkeiten und das allgemeine Arbeitsklima in der Firma einnehmen. Den wichtigen Punkt Gehalt beziehen Sie an dieser Stelle in Ihre Überlegungen sicherlich auch mit ein. Schätzen Sie realistisch ein, inwiefern Sie sich verbessern und wo Sie mit finanziellen Abstrichen rechnen müssen, beispielsweise wegen eines Umzuges in eine Gegend mit höheren Lebenshaltungskosten. Beziehen Sie in Ihre finanziellen Abwägungen bei Bedarf auch mit ein, ob Sie eventuell weiterhin einer Nebentätigkeit nachgehen können oder Ihr Lebenspartner seine Berufstätigkeit auch am neuen Wohnort ausüben kann. Bei Ihrer wichtigen Entscheidungsfindung können Sie sich an der folgenden Checkliste orientieren.

Ihre Entscheidungsfindung

CHECKLISTE

- ◯ Wurden Ihnen die neuen Aufgaben im Gespräch so dargestellt, wie in der Stellenanzeige beschrieben?
- ◯ Welche Aussagen Ihrer Gesprächspartner dazu fanden Sie überzeugend?
- ◯ Und welche weniger?

→ FORTSETZUNG AUF DER NÄCHSTEN SEITE

- ◯ An welchen Stellen waren die Antworten Ihrer Gesprächspartner sogar eher ausweichend?
- ◯ Wirkten Ihre Gesprächspartner auf Sie glaubwürdig?
- ◯ Waren Ihnen Ihre Gesprächspartner sympathisch?
- ◯ Welchen Anteil haben Routineaufgaben im neuen Job?
- ◯ Gibt es Handlungsspielräume durch Projektarbeit?
- ◯ Bei welchen neuen Aufgaben benötigen Sie eine Einarbeitung?
- ◯ Und bei welchen Aufgaben können Sie sofort Ihre Leistungsfähigkeit unter Beweis stellen?
- ◯ Welchen Ruf hat die Firma in der Branche?
- ◯ Wie haben Sie die allgemeine Stimmung in der Firma wahrgenommen (Empfang, Gesprächston der Mitarbeiter untereinander usw.)?
- ◯ Welchen fachlichen Hintergrund hat Ihr/e künftige/r Chef/in?
- ◯ Seit wann ist er/sie im Unternehmen?
- ◯ Welchen ersten Eindruck haben Sie von ihm/ihr (zupackend, dynamisch, abwartend, distanziert, kraftlos, ausgebrannt)?
- ◯ Mit welchen Personen/Abteilungen arbeiten Sie vorwiegend zusammen?
- ◯ Wie lange hat der vorherige Stelleninhaber die Position inne gehabt?

- ◯ Oder ist die Stelle neu geschaffen worden?
- ◯ Wer hat dann besondere Erwartungen an Sie geäußert?
- ◯ Wie sieht Ihr künftiger Arbeitsplatz aus?
- ◯ Können Sie Ihre Gehaltswünsche realisieren?
- ◯ Gibt es Weiterbildungsmöglichkeiten?
- ◯ Ist mit der Stelle ein Firmenwagen verbunden?
- ◯ Welchen Anteil nimmt die Reisetätigkeit oder Außendiensttätigkeit in der neuen Stelle ein?
- ◯ Gibt es besondere Sozialleistungen?
- ◯ Werden Überstunden ausgeglichen oder bezahlt?
- ◯ Gibt es Gleitzeit?
- ◯ Ist die Anfahrt zur neuen Firma länger oder kürzer als die zur momentanen Stelle?
- ◯ Müssen Sie umziehen?
- ◯ Würde Ihr arbeitender Lebenspartner in der neuen Region eine passende Stelle finden?
- ◯ Hat die Firma in den vergangenen Krisen schnell entlassen oder gab es Kurzarbeit?
- ◯ Wie sicher erscheint Ihnen der neue Arbeitsplatz?
- ◯ Wie war Ihr erster Eindruck zu Beginn des Vorstellungsgespräches und wie ist Ihre Meinung jetzt, nach dieser ausführlichen Auswertung?

Niemand erwartet von Ihnen, dass Sie sofort nach dem Bewerbungsgespräch einen Arbeitsvertrag unterschreiben. Nutzen Sie also die Zeit zwischen einer eventuellen mündlichen Einigung mit dem neuen Arbeitgeber und der tatsächlichen Ausfertigung des Arbeitsvertrages, um die oben angesprochenen Punkte für sich und mit Ihrem sozialen Umfeld zu klären.

Der Druck, möglichst bald einen neuen Arbeitsvertrag zu unterschreiben, ist bei Bewerbern ohne Stelle natürlich sehr viel stärker. Wer einige Monate arbeitslos ist oder wem gekündigt wurde, wird seine Situation sicherlich anders einschätzen als derjenige, der sich aus einer ungekündigten Stelle heraus bewirbt.

Der bessere Job

Vermeiden Sie es trotzdem, ein neues Arbeitsverhältnis aufzunehmen, bei dem schon im Vorfeld klar wird, dass Probleme zu erwarten sind. Dies wäre beispielsweise der Fall, wenn die Firma für ihre hohe Mitarbeiterfluktuation bekannt ist; oder wenn die Firma sich in einem Markt bewegt, der durch starken Wettbewerb, hohen Kostendruck und geringe Gewinnmargen gekennzeichnet ist. Problematisch ist auch, wenn die Stelle neu geschaffen wurde, aber von der Tätigkeitsbeschreibung her so unklar definiert ist, dass jeder Mitarbeiter in der neuen Firma erwartet, dass sämtliche Projekte, die bisher aus Personalknappheit verzögert und verschoben worden sind, nun von Ihnen – dem neuen Kollegen beziehungsweise der neuen Kollegin – sofort in Angriff genommen und erfolgreich bewältigt werden.

Nachfass-Mail und telefonisches Nachfassen

Haken Sie nach

Ist ein Vorstellungsgespräch aus Ihrer Sicht erfolgreich verlaufen, können Sie ein bis zwei Tage später eine kurze E-Mail an die Firma schicken. Dieser Trend zur Feedback-Mail kommt – wie so häufig – aus den USA und hat sich in den letzten Jahren auch hierzulande mehr und mehr verbreitet.

Zunächst bedanken Sie sich in Ihrer E-Mail für das informative Gespräch. Idealerweise greifen Sie dann ein oder zwei Kernpunkte aus dem Vorstellungsgespräch auf und betonen noch einmal, dass Sie über diese geforderten Kompetenzen verfügen und Sie gern für die Firma in der ausgeschriebenen Position einsetzen würden. Versenden Sie die E-Mail per CC-

Funktion dann an alle Gesprächsbeteiligten, damit sich nicht unbeabsichtigt jemand vom Informationsfluss ausgeschlossen fühlt. Und damit Sie möglichst alle an der Einstellungsentscheidung Beteiligten auf Ihre Seite ziehen.

Die E-Mail-Adressen Ihrer Gesprächspartner haben Sie entweder durch die Entgegennahme von Visitenkarten zu Beginn des Vorstellungsgespräches bekommen. Oder Sie haben bereits eine einzige E-Mail-Adresse, beispielsweise die der Personalleiterin Frau Lisa Rother. Dann können Sie aus Angaben wir lisa.rother@mueller-gmbh.de leicht folgern, dass der Vertriebsleiter Herr Joachim Bischofs und der Logistikmitarbeiter Herr Sven Rohde die E-Mail-Adressen joachim.bischofs@mueller-gmbh.de und sven.rohde@mueller-gmbh.de haben.

Sie könnten Ihre Feedback-Mail beispielsweise so formulieren:

BEISPIEL

Sehr geehrte Frau Rother, sehr geehrter Herr Bischofs, sehr geehrter Herr Rohde,
für das informative und aufschlussreiche Gespräch möchte ich mich noch einmal kurz bedanken. Es hat meinen Wunsch verstärkt, künftig bei Ihnen mitzuarbeiten. Die von Ihnen angesprochenen Vertriebserfahrungen mit dem stationären Handel und dem Distanzhandel bringe ich dafür ebenso mit wie die logistischen Erfahrungen im Bestandsmanagement. Ich würde mich freuen, meine Erfahrungen künftig für Sie als Vertriebsassistentin einsetzen zu dürfen und hoffe auf eine positive Nachricht von Ihnen.
Mit freundlichen Grüßen,
Susanne Kleber

Der richtige Zeitpunkt

Eine weitere Frage in diesem Zusammenhang, die uns oft gestellt wird, dürfte auch Sie beschäftigen: »Wann darf ich nach einem Vorstellungsgespräch bei dem Unternehmen anrufen und fragen, ob ich einen Arbeitsvertrag angeboten bekomme?« Prinzipiell gilt, dass es bei großen Unternehmen länger dauert, bis alle an der Entscheidung Beteiligten sich eine Meinung über den Bewerber gebildet haben. Dementsprechend kann es bis zur endgültigen Entscheidung durchaus vier bis sechs Wochen dauern. Mittlere und kleine Unternehmen entscheiden dagegen schneller, eine Absage oder ein Angebot erhalten Sie dort häufig bereits ein bis zwei Wochen nach dem Vorstellungsgespräch.

Zwei Wochen nach dem Vorstellungsgespräch dürfen Sie in jedem Fall bei der Personalabteilung anrufen und um Informationen über den aktuellen Stand bitten. Ganz wichtig hierbei ist, dass Sie eine freundliche und nette Telefonstimme einsetzen. Das Bewerbungsverfahren läuft schließlich noch, und Sie telefonieren mit einem Beteiligten aus der Personalabteilung.

Auf inhaltliche Rückfragen, beispielsweise »Glauben Sie, dass ich noch Chancen habe, die Stelle zu bekommen?« oder »Welchen Eindruck haben Sie von mir im Vorstellungsgespräch gewonnen?«, sollten Sie verzichten. Beschränken Sie sich auf rein formale Fragen zum weiteren Zeitablauf, beispielsweise: »Gibt es einen Zeitrahmen, in dem die Entscheidung über die Besetzung der Stelle fällt?« oder »Bis wann kann ich denn etwa mit einer Nachricht von Ihnen rechnen?«

So bringen Sie Schwung in die Entscheidungsfindung

Wenn Sie zu den Berufsgruppen gehören, die gerade stark nachgefragt sind, können Sie auch etwas Schwung in die Entscheidungsfindung bringen. Weisen Sie Ihre Gesprächspartner darauf hin, dass Sie sehr daran interessiert sind, bei gerade dieser Firma anzufangen. Jedoch liege bereits ein Angebot von einer anderen Firma vor, sodass Sie sich momentan in einer Zwickmühle befänden. In den Fällen, in denen ein Unternehmen aufgrund der beruflichen Qualifikation großes Interesse am Bewerber hat, haben wir oft erlebt, dass ein Arbeitsvertrag schneller als üblich angeboten wird.

Assessment-Center und weitere Auswahlschritte

Das besondere Gruppenauswahlverfahren

Ein Teil der Bewerber bekommt nach einem erfolgreich absolvierten Vorstellungsgespräch die Einladung zu einem Assessment-Center oder Teilen daraus (oftmals eine Fallstudie die vor den Firmenvertretern präsentiert werden muss oder Rollenspiele mit dem Ziel kritische Kunden zu besänftigen). Dies gilt besonders für diejenigen, deren zukünftiges Tätigkeitsfeld durch Team- und Projektarbeit und Kundenkontakt gekennzeichnet ist. Hierzu gehören unter anderem Tätigkeiten im Vertrieb, im Verkauf, in der Beratung, im Service, in der Entwicklung oder im Personalbereich. Auch wenn Sie eine Führungsposition anstreben, steigt die Wahrscheinlichkeit, an einem Assessment-Center teilnehmen zu müssen.

Assessment-Center (AC) sind Gruppenauswahlverfahren. Eine Gruppe von Bewerbern durchläuft verschiedene Übungen unter den Augen der zukünftigen Fachvorgesetzten. Dies hat für die Unternehmen den Vorteil, dass die Bewerber direkt miteinander verglichen werden können. Sie sollten sich daher auch auf Assessment-Center gründlich vorbereiten.

In der folgenden Infobox »Übungen im Assessment-Center« haben wir für Sie die häufigsten Situationen, die Sie in diesem Auswahlverfahren erwarten, zusammengestellt.

Übungen im Assessment-Center

AUF EINEN BLICK

→ Selbstpräsentation

→ Gruppendiskussionen
  - führerlos oder geführt
  - mit oder ohne Rollenvorgabe

→ Interviews

→ Rollenspiele
  - Mitarbeitergespräch
  - Kundengespräch

→ Fallstudien

→ Konstruktionsübungen

→ Planspiele

→ Vorträge
  - mündliche Themenpräsentation mit anschließender Diskussion
  - vorgegebenes oder selbst gewähltes Thema

→ FORTSETZUNG AUF DER NÄCHSTEN SEITE

- → Postkorb
  - mit schriftlicher Ergebnispräsentation
  - mit mündlicher Ergebnispräsentation und Befragung
- → Aufsätze
  - schriftliche Themenpräsentation
  - vorgegebenes oder selbst gewähltes Thema
- → Tests
- → Selbst- und Fremdeinschätzung

Setzen Sie sich mit den typischen Übungen und Übungsinhalten von Assessment-Centern auseinander, damit Sie keine bösen Überraschungen erleben. Spielen Sie AC-Übungen, nach Möglichkeit mit Freunden oder Bekannten, zu Hause durch. Nehmen Sie die Übungen mit der Videokamera auf und setzen Sie sich Übungsziele, die Sie Schritt für Schritt in Angriff nehmen. Bei Ihrer gezielten Vorbereitung auf Assessment-Center hilft Ihnen unser Ratgeber *Training Assessment-Center*.

Taktisch weiter bewerben

Bleiben Sie flexibel

Da Unternehmen hohe Ansprüche an die fachlichen und persönlichen Fähigkeiten der Bewerberinnen und Bewerber stellen, sind die eingesetzten Auswahlverfahren zum Überprüfen der Anforderungen sehr personalintensiv und damit auch zeitaufwändig. Für Bewerberinnen und Bewerber hat dies die nervenzehrende Konsequenz, dass sich die Zeit bis zum endgültigen Abschluss des Bewerbungsverfahrens sehr in die Länge zieht.

Berufserfahrene Um- und Aufsteiger müssen sich darauf einstellen, dass vom Versenden der Bewerbungsmappe bis zur Unterzeichnung eines Arbeitsvertrages zwei bis sechs Monate vergehen können. Je größer die Unternehmen sind und je mehr Personen an dem Entscheidungsprozess beteiligt sind, desto länger dauert es, bis Sie wissen, woran Sie mit ihren Bewerbungsbemühungen sind.

Für die eigene Bewerbungsstrategie bedeutet dies, dass Sie sich so lange bei interessanten Arbeitgebern weiter bewerben, bis ein Arbeitsvertrag vorliegt, der nicht nur von Ihnen, sondern auch von Unternehmensseite unterschrieben worden ist. Erst wenn dies der Fall ist, sollten Sie Ihre aktive Bewerbungsphase abschließen.

Wie geht es nach dem ersten Gespräch weiter?

AUF EINEN BLICK

→ Verfolgen Sie im Vorstellungsgespräch immer das Ziel, von der neuen Firma einen Arbeitsvertrag angeboten zu bekommen.

→ Ihre Entscheidung für oder gegen die neue Stelle sollten Sie erst nach einer gründlichen Auswertung des Gesprächs treffen.

→ Die optimale Stelle, in der Sie alle Wunschvorstellungen gleichermaßen durchsetzen können, gibt es selten. Finden Sie einen realistischen Kompromiss. Wägen Sie ab, was Ihnen am wichtigsten ist: Die Aufgaben, die Entwicklungsmöglichkeiten, die Arbeitszufriedenheit, der Umgang mit Kollegen und Vorgesetzten oder das Gehalt.

→ Verschrecken Sie Personalverantwortliche nicht, indem Sie sie täglich mit Anrufen oder E-Mails bombardieren.

→ Eine kurze und freundliche Nachfass-Mail ein oder zwei Tage nach dem Gespräch betont Ihr Interesse an der neuen Stelle. Nutzen Sie diese Chance, um die Ernsthaftigkeit Ihrer Bewerbung zu unterstreichen.

→ Etwa zwei Wochen nach dem Vorstellungsgespräch dürfen Sie telefonisch nachfassen.

→ FORTSETZUNG AUF DER NÄCHSTEN SEITE

- → Inhaltliche Fragen in telefonischen Nachfassaktionen wie »Glauben Sie, dass ich die Stelle bekomme?« werfen ein ungünstiges Licht auf Sie. Stellen Sie nur formale Fragen, beispielsweise: »Bis wann kann ich etwa mit einer Nachricht von Ihnen rechnen?«

- → Je größer Unternehmen sind, desto länger dauert es, bis Sie wissen, ob Sie eine Absage oder Zusage bekommen.

- → Beenden Sie Ihre aktive Bewerbungsphase erst, wenn Sie einen vom Arbeitgeber unterschriebenen Arbeitsvertrag vorliegen haben.

17. Was passiert im zweiten Vorstellungsgespräch?

Es kommt häufiger vor, dass gute Bewerber im zweiten Vorstellungsgespräch scheitern, weil sie nicht den unbedingten Willen erkennen lassen, ihre Kompetenz und ihre Erfahrungen voll in die neue Stelle einzubringen. Dies liegt in der Regel nicht an der tatsächlichen Leistungsmotivation, sondern an einer ungeschickten Gesprächsstrategie. Hinzu kommt, dass im zweiten Gespräch oft zusätzliche Gesprächspartner zum ersten Mal dabei sind, also neu überzeugt werden müssen.

Mehrere Gesprächsrunden sind normal

Mit einem Vorstellungsgespräch allein ist es meistens nicht getan, deshalb sind zweite Vorstellungsgespräche absolut üblich. Einige unserer Coachingkunden und Seminarteilnehmer berichten uns aber regelmäßig, dass sie auch zu drei oder vier Gesprächen eingeladen wurden. Üblicherweise werden aber zwei Termine ausreichen. Immerhin, Ihre Bewerbungsunterlagen und Ihr souveräner Auftritt im ersten Gespräch haben bereits überzeugt, Sie gehen also mit einem Vertrauensvorschuss in die zweite Runde. Stellen Sie sich aber darauf ein, dass noch einmal an den Punkten nachgehakt wird, die für die Firma besonders wichtig sind. Weiter gilt es zu beachten, dass neue Gesprächspartner im zweiten Gespräch auch neu überzeugt werden wollen, dies können beispielsweise direkte Fachvorgesetzte, Fachvorgesetzte, die zwei Hierarchiestufen über Ihrer neuen Position stehen, und ebenso Geschäftsführer oder Vorstände sein.

Unterstreichen Sie erneut Ihre Leistungsbereitschaft

Beim ersten Gespräch wird vorrangig die Entscheidung getroffen, ob der Bewerber grundsätzlich für die Stelle geeignet ist. Im Mittelpunkt steht dabei der Abgleich vom Stellenprofil mit dem Bewerberprofil. Es wird also überprüft, ob der

Bewerber die mit der Stelle verbundenen fachlichen und persönlichen Anforderungen erfüllt. Weiter werden Themen wie die Bereitschaft zur Reisetätigkeit, zur Schichtarbeit, zur Möglichkeit der Teilzeitbeschäftigung und zu einer befristeten Anstellung geklärt. Auch die Gehaltsvorstellungen von Bewerber und Firma werden im Groben abgeglichen. Die Beantwortung von Detailfragen, die den späteren Arbeitsvertrag betreffen, sich aber nicht sofort lösen lassen, weil dafür zusätzliche Informationen nötig sind, wird meistens auf das zweite Treffen verschoben.

Das zweite Gespräch ist kein Selbstläufer

Kommt es dann zu einem zweiten Vorstellungsgespräch, sollten Bewerber nicht in den Irrglauben verfallen, dass diese zweite Runde ein Selbstläufer wird, weil schließlich nur noch einige Details zu klären sind. Bewerber stellen sich oft selbst ein Bein, indem Sie glauben, alles Notwendige sei bereits beim ersten Treffen gesagt worden. Diese Einstellung ist aber vor allem dann fatal, wenn im zweiten Vorstellungsgespräch neue Personen auftauchen – das kann der direkte Fachvorgesetzte sein, die Teamleiterin oder auch der Geschäftsführer, der sich die letztendliche Entscheidung vorbehalten möchte.

Jeder am Entscheidungsprozess Beteiligte muss neu überzeugt werden. Es kommt für Sie daher darauf an, insbesondere Ihre Einstellungsargumente ein weiteres Mal überzeugend zu präsentieren. Manche Bewerber treten in der zweiten Runde viel zu passiv auf, wenn es um die Darstellung ihres beruflichen Profils geht, entwickeln aber zu viel Energie, wenn es um die Klärung von Gehalts- und Urlaubsfragen geht.

Alle Anwesenden ansprechen

Bedenken Sie also: Sie müssen auch im zweiten Gespräch Ihren konkreten Nutzen für die Firma herausstreichen. Sprechen Sie vor allem die neu hinzugekommenen Firmenvertreter an – der Personalverantwortliche wird sich nicht zum Anwalt Ihrer Sache machen.

Lassen Sie deshalb die Argumente, die für Ihre Einstellung sprechen, nicht unter den Tisch fallen, nur weil Sie sie im ersten Gespräch gegenüber dem Personalverantwortlichen bereits genannt haben. Bedenken Sie, dass Sie alle Entscheider auf den gleichen Informationsstand bringen müssen.

Natürlich spielen auch Gehaltsfragen, Urlaubsregelungen, Arbeitszeiten, Provisionen, Dienstwagennutzung, Zusatzversicherungen und Betriebsrenten im zweiten Vorstellungsgespräch eine Rolle. Klären Sie diese Punkte aber lieber im letzten Drittel des Gespräches und nicht direkt am Anfang.

Kontrollfragen

Fassen Sie das zweite Vorstellungsgespräch als Überprüfung der Ergebnisse aus der ersten Runde auf. Die Firmenvertreter werden daran interessiert sein, ob Sie auch im zweiten Gespräch bei Ihrer Linie bleiben. Deshalb wird man auch die Aufzeichnungen des ersten Vorstellungsgespräches heranziehen und Ihnen Kontrollfragen stellen: Man will wissen, ob das gute Abschneiden im ersten Gespräch nur ein Zufall war oder ob Sie tatsächlich gut sind. Aber auch Sie können sich im zweiten Vorstellungsgespräch auf das erste beziehen. Machen Sie deutlich, dass Sie sich im Anschluss an das erste Kennenlernen eigene Gedanken gemacht haben, und betonen Sie, welche Aspekte Sie besonders interessiert haben. Stellen Sie heraus, dass Sie eine ganz bewusste Entscheidung treffen und gerne zu der neuen Firma wechseln möchten. Die folgenden Formulierungen helfen Ihnen dabei, Punkte aus dem ersten Gespräch aufzugreifen:

- → **»Im letzten Gespräch habe ich mich in meinem Wunsch, für Sie tätig zu werden, sehr bestätigt gefühlt.«**
- → **»Besonders angesprochen hat mich im letzten Gespräch die Chance, meine Kenntnisse in den Bereichen X und Y bei Ihnen einzusetzen. Hier konnte ich in der Vergangenheit überzeugende Erfolge erreichen und möchte dies künftig ebenso für Sie tun.**
- → **»Die Möglichkeit, in Ihrer Firma an den Schwerpunkten X und Y mitzuarbeiten, hat mich ganz besonders angesprochen.«**
- → **»Die von Ihnen vorgesehene Mitarbeit an Sonderaufgaben interessiert mich sehr.«**
- → **»Ich habe den Eindruck gewonnen, dass gerade meine Erfahrungen in den Bereichen … für Sie wertvoll sind.«**

ÜBUNG

Engagiert im zweiten Gespräch

Wir stellen Ihnen nun einige spezielle Fragen aus zweiten Vorstellungsgesprächen vor, die Sie überzeugend beantworten können sollten. Orientieren Sie sich an den oben vorgestellten Beispielformulierungen, um Ihre Leistungsfähigkeit und Ihre Begeisterung für die neue Stelle auch in Ihren Antworten deutlich machen zu können. Bitte beantworten Sie diese Fragen:

»Wie haben Sie das erste Treffen mit uns erlebt?«

Ihre Antwort: ....

....

....

»Wir haben zum heutigen Termin zusätzlich Ihren künftigen Fachvorgesetzten gebeten. Würden Sie bitte noch einmal die Aspekte aus Ihrer beruflichen Entwicklung darstellen, die für die neue Stelle wichtig sind?«

Ihre Antwort: ....

....

....

»Warum glauben Sie, dass Sie mit den neuen Aufgaben zurechtkommen werden?«

Ihre Antwort: ....

....

....

»Was möchten Sie in diesem zweiten Gespräch erreichen?«

Ihre Antwort: ....

....

....

»Bitte vergegenwärtigen Sie sich unser letztes Treffen: Was spricht aus Ihrer Sicht für eine positive Einstellungsentscheidung?«

Ihre Antwort: ....

....

....

»Ich hatte Ihnen ja erklärt, dass wir sehr dringend Unterstützung in der Abteilung brauchen. Wann genau können Sie bei uns anfangen zu arbeiten?«

Ihre Antwort: ....

....

....

»Welche Fragen sind Ihrer Meinung nach im ersten Gespräch noch offen geblieben?«

Ihre Antwort: ....

....

....

»Wann reichen Sie am momentanen Arbeitsplatz Ihre Kündigung ein?«

Ihre Antwort: ....

....

....

»Es gibt zwei Kandidaten, zwischen denen wir uns entscheiden müssen. Warum sollten wir uns für Sie entscheiden?«

Ihre Antwort: ....

....

....

Wenn Sie bei der Beantwortung der Fragen aus der Übung noch etwas Unsicherheit bei sich verspürten, werden Ihnen unsere Beispielantworten weiterhelfen.

Beispielfragen und Beispielantworten für Runde zwei

Noch einmal von vorne

Bereiten Sie das zweite Treffen mit dem neuen Arbeitgeber genauso gründlich vor wie das erste. Vor dem zweiten Termin sollten Sie noch einmal die Stellenausschreibung, Ihren Lebenslauf und die Selbstpräsentation Ihrer Einstellungsargumente für gerade diese Firma gründlich durchgehen. Überlegen Sie sich anhand der Informationen aus dem ersten Gespräch, welche Themen welchen Gesprächspartnern am wichtigsten waren. Trainieren Sie dann, diese Themen an passender Stelle im zweiten Gespräch von sich aus anzusprechen und in Ihre Antworten einfließen zu lassen. Die folgenden Beispielfragen und Beispielantworten geben Ihnen einen plastischen Eindruck davon, wie Sie beim zweiten Treffen den Entscheidern auf der Firmenseite verdeutlichen können, dass Sie genau der oder die Richtige für die zu vergebende Stelle sind.

Im zweiten Vorstellungsgespräch überzeugen

1. Wie haben Sie unser letztes Gespräch empfunden?
   Ungünstige Antwort: »Ich war doch sehr aufgeregt, ich weiß nicht, ob ich alles so herüber bringen konnte, wie ich das wollte. Waren Sie denn zufrieden mit mir?«
   Gelungene Antwort: »Ich habe unser letztes Gespräch als sehr konstruktiv empfunden. In meinem Wunsch bei Ihnen anzufangen bin ich dadurch noch einmal bestätigt worden.«

---

2. Beschreiben Sie doch bitte für unsere neuen Gesprächspartner noch einmal Ihre berufliche Entwicklung. Was daraus ist wichtig für die zu vergebende Stelle?
   Ungünstige Antwort:»Ja gerne, nach der Schule wusste ich noch nicht so recht was ich machen sollte. Auf Anraten meiner Eltern habe ich dann erst einmal etwas Solides, nämlich eine Banklehre, absolviert. Dann ging ich zur Bundeswehr, was mir auch sehr gefallen hat. Im Anschluss daran nahm ich ein Studium der Betriebswirtschaft auf. Noch gut in Erinnerung sind mir meine Praktika, das waren doch prägende Erlebnisse. Ja, dann bin ich mit etwas Glück in die erste Stelle hineingerutscht, mein Professor hatte da einen guten Draht. Dank meiner Berufserfahrung hat mich dann ein Bekannter angesprochen und an meinen momentanen Arbeitgeber vermittelt. Jetzt läuft es aber nicht mehr so rund, deswegen möchte ich bei Ihnen anfangen:«

Gelungene Antwort: »Im Rechnungswesen habe ich mir in meinen letzten beiden beruflichen Stationen eine umfassende Berufserfahrung erarbeitet. Nun verfüge ich über ständig aktualisiertes Wissen, um Monats- und Jahresabschlüsse nach Handels- und Steuerrecht durchzuführen. Dabei war ich auch Ansprechpartner für Wirtschaftsprüfer, Steuerberater, Banken und Behörden. Für meinen letzten Arbeitgeber habe ich in einer Projektgruppe mitgearbeitet, die das Finanz- und Rechnungswesen neu strukturiert hat. Diese aktuellen Erfahrungen im Finanz- und Rechnungswesen möchte ich gerne für Sie einsetzen.«

3. Was macht Sie so sicher, dass Sie auf die ausgeschriebene Stelle passen?
Ungünstige Antwort: »Ich hatte ein ganz gutes Gefühl bei dem letzten Gespräch. Daher war ich eigentlich der Meinung, dass wir uns schon einig wären.«
Gelungene Antwort: »Es sind hauptsächlich die vielen Überschneidungen meiner bisherigen Aufgaben mit den neuen Aufgaben. Als Exportsachbearbeiter habe ich die komplette Abwicklung von der Angebotserstellung bis zur Auslieferung betreut. In der Reklamationsbearbeitung habe ich sowohl die technische als auch die kaufmännische Klärung übernommen. Daneben habe ich an Auslandsprojekten in Osteuropa teilgenommen und die entsprechenden Vertretungsverträge vorbereitet. Daneben habe ich mich über Ihre Firma und die von Ihnen betreuten Märkte informiert. Auch das erste Gespräch mit Ihnen hat mich in der Meinung bestätigt, dass ich gut zu Ihnen passen würde.«

4. Was sind Ihre Erwartungen an dieses zweite Vorstellungsgespräch?
Ungünstige Antwort: »Ich würde jetzt gerne den Arbeitsvertrag unterschreiben, damit ich endlich kündigen kann.«
Gelungene Antwort: »Dass die Ergebnisse aus dem produktiven ersten Gespräch bestätigt werden. Daneben freue ich mich auf die Möglichkeit meinen neuen Vorgesetzten kennen zu lernen. Vielleicht gibt es ja auch die Möglichkeit einmal einen Blick in die neue Abteilung zu werfen.«

5. Wenn Sie an unser letzten Gespräch denken: Nennen Sie mir drei Punkte, die aus Ihrer Sicht für Sie als Kandidaten sprechen.
Ungünstige Antwort:»Also erstens spricht für mich meine überdurchschnittliche Eigenmotivation, zweitens meine Teamfähigkeit und drittens meine kommunikative Art.
Gelungene Antwort: »Zum einen habe ich mich neben der Arbeit immer auch um meine Weiterbildung gekümmert. Das Wissen aus den Computerkursen konnte ich dann nutzen, um meinen Kollegen bei der Einführung einer neuen Software zu helfen. Zweitens hat mir bei meiner Tätigkeit in der Produktion auch immer geholfen, dass ich mich sehr gut mit anderen abstimmen kann. Bei Umrüstungen konnte ich meine Gruppe deshalb immer zu sehr kurzen Rüstzeiten führen. Drittens habe ich mich neben den Aufgaben in der Fertigung auch an Sonderaufgaben beteiligt. In einer Arbeitsgruppe zur Kostensenkung konnte ich zusammen mit Mitarbeitern aus der Entwicklung, dem Controlling und dem Einkauf Einsparungen erzielen.«

6. Ab welchem Zeitpunkt könnten Sie für uns anfangen zu arbeiten?
Ungünstige Antwort:»Ich müsste erst einmal kündigen. Dann glaube ich sind es drei Monate Kündigungsfrist zum Monatsende, oder so. Ich würde allerdings gerne auch noch einen Monat verreisen, damit meine Familie endlich einmal etwas von mir hat.«
Gelungene Antwort: »Meine Kündigungsfrist beträgt drei Monate. Wenn Sie mich früher benötigen, würde ich meinen Arbeitgeber ansprechen und versuchen eine vorzeitige Lösung zu finden. Ich glaube nicht, dass mir da Steine in den Weg gelegt werden.«

7. Welche drängenden Fragen haben Sie nach unserem letzten Gespräch heute an uns?
Ungünstige Antwort:»Mich interessiert noch die Urlaubsregelung. Kann ich Urlaub mit ins nächste Jahr rüber nehmen. Dann noch die Überstunden, werden die ausbezahlt, oder sollen sie abgebummelt werden? Und die Lohnzusatzleistungen hatten Sie mir bisher auch noch nicht richtig erläutert.«

Gelungene Antwort: »Mich würde interessieren, mit wem ich an den Schnittstellen zu anderen Bereichen zu tun habe. Gibt es einen regelmäßigen Austausch, oder werden für einzelne Aufgaben jeweils neue Projektgruppen zusammengestellt? Dann würde ich auch noch gerne die Zusammensetzung der Abteilung erfahren. Wer wird mit mir zusammen arbeiten, und welchen fachlichen Hintergrund haben die Kollegen?«

8. Wann werden Sie Ihren momentanen Arbeitgeber über Ihre Kündigungsabsichten informieren?
   Ungünstige Antwort:»Es ist schon länger klar, dass ich gehe. Daher brauche ich niemanden zu informieren.«
   Gelungene Antwort: »Ich werde ihn informieren, sobald Sie mir das Okay gegeben haben. Ich werde noch einige Aufgaben abschließen und die Ergebnisse weiterleiten. Da noch ein Nachfolger für mich gefunden werden muss, möchte ich meinen Arbeitgeber rechtzeitig über meinen Wechsel informieren.«

9. Sie und zwei weitere Kandidaten sind in der Endauswahl: Warum sollten wir uns gerade für Sie entscheiden?
   Ungünstige Antwort:»Ich hatte gehofft, dass ich den Zuschlag bekomme. Für mich sollten Sie sich entscheiden, weil ich der Richtige bin und Sie die Entscheidung bestimmt nicht bereuen werden.«
   Gelungene Antwort: »Ich kann natürlich nur für mich sprechen. Ich würde die Aufgaben gerne übernehmen, da ich über sehr viel Vorerfahrung in den künftigen Arbeitsbereichen verfüge. Als Teamassistentin im Verkauf habe ich die Aktualisierung von Katalogen und Werbeträgern übernommen. Ich habe die Kontake zur Fachpresse aufgebaut und gepflegt. Auf Messen habe ich die Produkte meines Unternehmens präsentiert. Mit Events habe ich den Bekanntheitsgrad unserer Produkte bei den entscheidenden Zielgruppen maßgeblich erhöht. Nicht zuletzt war ich auch an der Umsetzung von Media – und Marktforschungsdaten in Marketing- und Verkaufsaktionen beteiligt. Ich würde die von Ihnen ausgeschriebene Stelle gerne übernehmen, um diese Erfahrungen voll einzubringen.«

AUF EINEN BLICK

Was passiert im zweiten Vorstellungsgespräch?

→ Auch wenn Sie in Runde eins überzeugt haben, sollten Sie sich nicht vorschnell dem Siegestaumel hingeben.

→ Starten Sie also mit Ihrer Überzeugungsarbeit im zweiten Gespräch noch einmal voll durch.

→ Bereiten Sie das zweite Treffen vor, indem Sie die Stellenausschreibung und Ihren Lebenslauf noch einmal gründlich durchlesen und sich die Schnittpunkte vergegenwärtigen.

→ Idealerweise sprechen Sie – an passender Stelle – von sich aus an, wie Sie die speziellen Wünsche und Vorstellungen des neuen Arbeitgebers erfüllen könnten.

→ Stellen Sie durch Formulierungen wie »Sie hatten im ersten Gespräch ja betont, dass Ihnen X und Y besonders wichtig sind, gerade hier bringe ich aktuelle Erfahrungen mit« auch sprachlich einen direkten Bezug zwischen dem ersten und dem zweiten Treffen her.

→ Neue Gesprächsteilnehmer sollten Sie mithilfe Ihrer Selbstpräsentation oder Teilen daraus auf den gleichen Informationsstand bringen.

→ Zeichnen Sie auch im zweiten Vorstellungsgespräch nach, dass Sie Ihre Entscheidung, zu einem neuen Arbeitgeber zu gehen, bewusst getroffen haben.

18. Sonderfall: Das Job-Interview auf Englisch

Immer häufiger erreichen uns in unserer Beratungspraxis Anfragen von Kunden, die sich auf Job-Interviews in englischer Sprache vorbereiten wollen. In Zeiten globalisierter Arbeitsprozesse ist dies auch kaum verwunderlich. Einige unserer Kunden wollen sich bei deutschen Tochterunternehmen US-amerikanischer Konzerne bewerben. Andere möchten für asiatische Konzerne oder Firmen in Europa tätig werden. Wiederum andere streben eine Position im Ausland an. Außerdem gibt es Unternehmen in Deutschland, die sich für Englisch als Geschäftssprache entschieden haben und deshalb bei ihrer Bewerberauswahl englische Job-Interviews einsetzen.

Englische Job-Interviews in Deutschland

Auch hierzulande üblich

Job-Interviews auf Englisch haben in den letzten Jahren stark zugenommen. Betraf dies früher hierzulande überwiegend (deutschsprachige) Bewerber, die in den USA, in Großbritannien, in Kanada, Australien oder Neuseeland arbeiten wollten, ist es mittlerweile anders geworden. Die ursprüngliche Gruppe der Auslandsbewerber gibt es natürlich immer noch. Aber zusätzlich gibt es heutzutage eine weitere Gruppe von Bewerbern, die sich englischen Job-Interviews stellen muss, allerdings direkt in Deutschland oder Europa. Festzuhalten bleibt also, dass der Einsatz der englischen Sprache bei der Personalauswahl in dem Maße zugenommen hat, in dem die Personalgewinnung internationaler geworden ist.

Europaweit tätige Personalberatungen führen daher Auswahlgespräche mit deutschen Kandidaten auf Englisch. Auch international tätige deutsche Unternehmen wollen sicherstellen, dass zukünftige Mitarbeiter sich auf Englisch verständigen können. Tochterunternehmen amerikanischer Konzerne, die in Deutschland angesiedelt sind, benutzen zwar im Arbeitsalltag häufig die deutsche Sprache. Bei direkten Kontakten zum US-Headquarter oder bei internationalen Meetings, ist dann aber ebenfalls Englisch gefragt. Da also

Englisch im Arbeitsalltag eine immer größere Rolle spielt, werden mittlerweile englische Job-Interviews in Deutschland viel häufiger als früher eingesetzt.

Die wichtigsten Fragenkomplexe im Überblick

Es ist wichtig, mit genügend Material in das englische Job-Interview zu gehen. Eine gut ausgearbeitete Selbstpräsentation auf Englisch ist auch hier ein hervorragender Sicherungsanker. Darüber hinaus sollten Sie sich schon vorab mit typischen Fragen intensiv beschäftigen. Die folgende Übersicht zeigt Ihnen die verschiedenen Themenbereiche, die in englischen Job-Interviews angesprochen werden. Es erwarten Sie Fragen aus diesen Bereichen:

Fragen zur beruflichen Qualifikation:

- → **Why should we give you the job? (Warum sollten wir gerade Sie einstellen?)**
- → **What can you do for us? (Was können Sie für uns leisten?)**
- → **Are you customer-oriented? (Verfügen Sie über Kundenorientierung?)**
- → **How good are your PC skills? (Wie gut sind Ihre PC-Kenntnisse?)**

Fragen zum Unternehmen:

- → **What do you know about our company? (Was wissen Sie über unsere Firma?)**

Fragen zur persönlichen Qualifikation:

- → **How do you cope with change? (Wie gehen Sie mit Veränderungen um?)**
- → **How do you motivate yourself for work duties? (Wie motivieren Sie sich für berufliche Aufgaben?)**
- → **Do you have a realistic self-image? (Ist Ihr Selbstbild realistisch?)**
- → **How do you deal with conflict? (Kennen Sie Ihr Konfliktverhalten?)**

Fragen zur Führungserfahrung:

→ **What kind of people manager are you? (Wie führen Sie Ihre Mitarbeiter?)**

Wir stellen Ihnen zu jedem Themenbereich zwei englische Fragen vor. Bitte beantworten Sie zunächst die Fragen, bevor Sie einen Blick auf unsere Beispielantworten werfen. Gleichen Sie Ihre Antworten ab. Modifizieren Sie bei Bedarf Ihre Antworten anhand unserer gelungenen Beispiele. Überlegen Sie sich zusätzlich individuelle Belege mit Praxisbezug, mit denen Sie Ihre Antworten plausibel ausgestalten können.

Why should we give you the job?

1. What made you apply for this job in particular?
   Negative Antwort: I read your job advertisement, and I'm very interested in the position.
   Positive Antwort: When I read your job advertisement, I realized it was describing me. My present duties include calculating costs and soliciting quotations. I worked on a project where we achieved better supply chain integration through the selection of suppliers. I have several years' experience in the areas of billing control, scheduling and data administration. I was particularly interested in the close liaison with fi eld staff that you mentioned in the advertisement.

2. Could you summarize your background in a few sentences?
   Negative Antwort: Well, after finishing Hauptschule I was unhappy with the situation, so I went back to school and did my Realschule leaving certificate. Then I did an apprenticeship as an electrical engineer. When I finished my apprenticeship, the firm didn't keep me on. I was able to get a service job with another firm. Now I'm responsible for service tasks and also have to travel a bit.
   Positive Antwort: After completing Realschule I decided to do an apprenticeship as an electrical engineer. Even as a trainee I took on service contracts independently. I realized that I was good at fault spotting and problem analysis in clients' systems. With my current employer I'm in

charge of PLC programming for machines and preparing documentation and manuals. Also, my work includes commissioning machines for clients. I have a talent for building a good relationship with clients' operating crews, so lately I've taken over responsibility for briefing clients on site, too.

What can you do for us?

3. What are your strengths?
   Negative Antwort: I'm highly motivated, flexible and a team player.
   Positive Antwort: I can produce good work under pressure – for example, I was able to keep on top of day-to-day work during the changeover to a new computer system. Our customers weren't even aware of the huge restructuring task that was under way. Another of my strengths is my knowledge of different aspects of the company's work. Alongside my usual office duties I frequently took on special interdepartmental tasks like product optimisation.

4. What can you do to take our company forward?
   Negative Antwort: I can work hard and produce good results.
   Positive Antwort: I'm keen to give you the benefit of my experience in interdepartmental liaison. Through discussions with colleagues I have been able to reduce processing times in my company. My keen market awareness will also be useful to you.

Are you customer-oriented?

5. What contribution can you make in your field of work to help us win more customers?
   Positive Antwort: I think I would advocate price reductions.
   Negative Antwort: In production it's very important that no products leave the hall with defects of any kind. In previous jobs I've been involved in quality assurance groups. So I know that we in production have to report back if manufacturing stages become so complicated that errors can occur. If we in production take care, the quality and reliability of our products can be improved – and then more customers will want them.

6. In your view, what do customers value about our products / services?
Negative Antwort: Well, people can't do their own tax returns these days, it's all too complicated. People need a tax adviser.
Positive Antwort: That they feel they're thoroughly taken care of. You offer a comprehensive service in your tax consultancy. Not just taxation advice, but also bookkeeping, company start-ups, help with inheritance issues and even property management. Clients get a complete package.

---

7. Which applications do you use for which tasks?
Negative Antwort: The ones that are appropriate – a word-processing application for letters and other suitable software.
Positive Antwort: I work with Microsoft Office on a daily basis – Word for correspondence, Excel for statistics and Power-Point for presentations. On top of that, I also use specialist measuring and calculating software.

How good are your PC skills?

---

8. How did you acquire your software knowledge?
Negative Antwort: As I went along, by trial and error. I would have liked more support from my company. I'm sure I could do a lot more with the software if only I knew how.
Positive Antwort: I taught myself to use Word with the help of tutoring CDs in my own time. The same goes for Power-Point. To learn Excel, I did an advanced course at evening school. To learn my company's specialist software, I did in-house training.

---

9. What impression do you have of our company?
Negative Antwort: A very good one so far. But I'll be working in the field, in any case.
Positive Antwort: A very professional impression. There's an efficient, friendly atmosphere here. If I were a prospective customer, I would feel I was in good hands.

What do you know about our company?

---

10. Where did you hear of our company?
Negative Antwort: From the job advert. That was the first time I heard of you.
Positive Antwort: I've known of your company for several years. My first contact with you was at a trade fair. After

that I often came across articles about you. I've been impressed time and again by your company's spirit of innovation.

How do you cope with change?

11. Have you ever experienced budget cuts in your own workplace? How did you cope with them?
Negative Antwort: Budget cuts are a fact of life, even if they do cause a lot of disruption.
Positive Antwort: It isn't easy when your budget is cut time after time. In my department we lost two out of ten jobs. The remaining colleagues had to divide up the work between them. Of course, that meant more work for everyone, but the workload was still manageable. Our advertising budget was cut as well. Together with the rest of the team I made sure that the remaining budget was only used for selected advertising channels with a high attention value.

12. Give me two examples of your professional flexibility.
Negative Antwort: I had to relocate for my last employer, and I even had to cancel my leave once.
Positive Antwort: I've often covered for colleagues, once for an extended period. And I've taught myself to use new software more than once.

How do you motivate yourself for work duties?

13. What prompted your choice of training/university course?
Negative Antwort: I wasn't sure what I wanted to do. School doesn't really help you to make those kinds of decisions about your future career. So my choice was a bit random.
Positive Antwort: At school I always had a strong interest in technical subjects / creative subjects / languages / science. I used my work placements to get a taste of different careers that might interest me and get my first real-world experience. I made my final decision after finding out about the career possibilities that training / a degree in ... would open up to me.

14. What motivates you in your daily work?
Negative Antwort: I tell myself that I have to pay the rent one way or another.

Positive Antwort: I find it motivating to see things progressing. I like to set myself goals in my work. So I worked together with the customer service team to respond better to customers' wishes. It was a difficult task, but the positive feedback from customers encouraged me.

15. What are your strengths and weaknesses?
Negative Antwort: I have a good sense of what is achievable. My particular strengths are positive thinking, optimism without naivety and commitment. My weaknesses include the fact that I can be direct and stubborn. I'm always honest, but sometimes I'm not diplomatic enough.
Positive Antwort: My strengths include teamwork. I have a good understanding of the processes involved in product management and know how I can best use the talents of the people involved. When there's a heavy workload, I can motivate others by making sure they understand how important their contribution is to the team's results. In addition, my good head for figures has always helped me to draw the right conclusions from market research. My weakness is that I'm a bit too direct, sometimes. I need to learn that departmental diplomacy is important to get a project started.

Do you have a realistic self-image?

16. How will you approach your new colleagues?
Negative Antwort: I hope that my new colleagues will like me and won't be difficult.
Positive Antwort: I'll try to establish a personal connection with each of my colleagues. That leads to better teamwork. Everyone has their favourite subjects that they like to talk about. I'll find out how things work and then help to get the job done.

17. What would the people in your present team criticise about you?
Negative Antwort: Not a lot, I hope. But you never really know what your colleagues think of you.
Positive Antwort: Perhaps that I don't like to discuss the same point ten times. I know that it's important to consult people, but I do like things to keep moving forward.

How do you deal with conflict?

18. How do you deal with criticism?
Negative Antwort: In an open-minded, honest way. That's what's expected.
Positive Antwort: I listen to the criticism carefully. It can be helpful. It needs to be given in a constructive way, though. If I think the criticism isn't justifi ed, I try to discuss the matter with the person in private. Most ill-feeling can be diffused in that way.

What kind of people manager are you?

19. What management principles do you apply?
Negative Antwort: I think that humanity, expressed through intuition and empathy, is the key factor in situational management. Strong leadership needs to take a back seat to flexibility. Knowledge of human nature isn't entirely something you can learn, though. You still need a certain amount of natural leadership talent.
Positive Antwort: I've achieved good results with management by objectives. Employees appreciate having clear goals to work towards but freedom in how they achieve them. It's also important to back up your staff and get involved yourself, so as to keep things going in the right direction.

20. What positive comments would your present staff make about you? What negative comments would they make?
Negative Antwort: It would depend on which staff members you asked. There's always a troublemaker in the team. I think most of them would be very pleased with me, a few of them less so, but you have to put up with that as the manager.
Positive Antwort: My staff would say that I'm always ready with advice and practical assistance, that I give them sufficient autonomy, and that they can rely on me. Sometimes, they grumble when I want results quickly. But they know that I won't set unattainable goals.

Weitere Fragen für Ihre Vorbereitung, einschließlich ausgearbeiteter Selbstpräsentationen und 400 misslungener und gelungener Beispielantworten, finden Sie in unserem Ratgeber: »Das überzeugende Vorstellungsgespräch auf Englisch. Die 200 entscheidenden Fragen und die besten Antworten«.

Selbstbewusst ins Vorstellungsgespräch

Jetzt kann es losgehen mit Ihren Vorstellungsgesprächen, denn durch die intensive Arbeit mit unseren Übungen sind Sie nun bestens vorbereitet.

Sie haben Ihr persönliches Profil geschärft

Sie haben sich nun intensiv mit Ihren beruflichen Stärken auseinandergesetzt und gelernt, Ihre Einstellungsargumente in Form einer Selbstpräsentation glaubwürdig zu vermitteln und in Ihre Antworten auf die vielen Fragen im Vorstellungsgespräch einfließen zu lassen. Damit sind Sie in der Lage, künftige Fachvorgesetzte, Personalverantwortliche und weitere an der Einstellungsentscheidung Beteiligte inhaltlich zu überzeugen. Das sowohl für Bewerber als auch für die Firmenvertreter unbefriedigende Spiel des inhaltsleeren Schlagabtausches brauchen Sie daher nicht mitzumachen. Die Erwartungen und Wünsche der Firmen an Bewerber sind Ihnen klar geworden. Sie haben weiter verstanden, dass es darauf ankommt, sich ein passgenaues, stärkenorientiertes und glaubwürdiges berufliches Profil zu erarbeiten, so wie wir es Ihnen anhand unserer praxiserprobten Profil-Methode® in diesem Ratgeber Schritt für Schritt erläutert haben.

Die Regeln, die bei der Vermittlung Ihres individuellen Profils im Gespräch gelten, haben Sie sich angeeignet. Auf die unterschiedlichen Gesprächspartner auf der Firmenseite und auf deren spezielle Vorlieben können Sie nun eingehen. Mit Ihrer flexiblen Gesprächsstrategie können Sie jetzt sowohl die Geschäftsführer von mittelständischen Unternehmen überzeugen als auch speziell geschulte Personalverantwortliche in Großunternehmen.

Da Sie in der Lage sind, mit Beispielen zu argumentieren und Ihre Fähigkeiten konkret zu belegen, werden Sie sich positiv aus der Masse der Bewerberinnen und Bewerber hervorheben.

Die einzelnen Fragenkomplexe, die mit Ihnen im Gespräch abgearbeitet werden, sind Ihnen bekannt, und Sie durchschauen, aus welchen Gründen einzelne Fragen gestellt werden. Beispielfragen und Beispielantworten haben Ihnen Formulierungshilfen gegeben und Ihnen dabei geholfen, Ihren individuellen Antwortstil zu entwickeln und auszubauen. Wie Sie auf unzulässige Fragen reagieren, wissen Sie. Vorurteile bezüglich problematischer Bewerbungen können Sie entkräften.

Damit Sie Ihre individuellen Einstellungsargumente mehr Wirkung bekommen, haben Sie sich mit der Körpersprache im Vorstellungsgespräch auseinandergesetzt. Sie können Konfrontationen vermeiden, Stressgesten erkennen und aktiv eigene Anspannungen auflösen und die Glaubwürdigkeit Ihrer Argumente durch einen selbstbewussten Auftritt unterstreichen.

Aus unserer Beratungspraxis wissen wir, dass die von uns vorgestellten Strategien und Tipps für Vorstellungsgespräche Ihre Persönlichkeit besser zur Geltung bringen werden. Sicherlich werden Sie sich mit der Entwicklung Ihres individuellen Stils auseinander setzen müssen. Wir wissen, dass das Einüben neuer Argumentationsstrategien zu Beginn mühsam ist, aber die Arbeit wird sich für Sie lohnen. Sie werden bessere Ergebnisse in Vorstellungsgesprächen erzielen, weil Sie Ihre persönlichen Fähigkeiten und fachlichen Kenntnisse jetzt optimal präsentieren können.

Wir wünschen Ihnen erfolgreiche Vorstellungsgespräche!

Christian Püttjer & Uwe Schnierda

Register

A

B